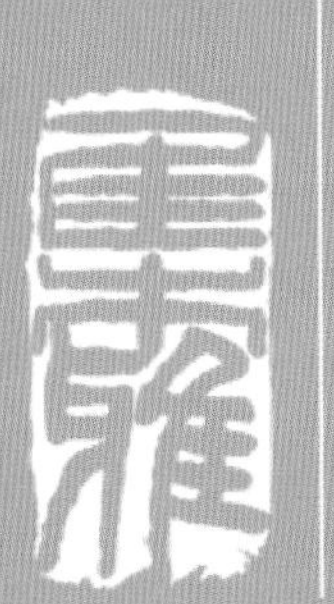

集雅工作室

# 张和讲主题宴会酒店新模式

ZHANGHE JIANG ZHUTIYANHUIJIUDIAN XINMOSHI

主编 张 和

编委 刘 玲 李和平

王莉娟 何亚珍

山西出版传媒集团 · 山西科学技术出版社

**图书在版编目（CIP）数据**

张和讲主题宴会酒店新模式 / 张和主编． -- 太原：山西科学技术出版社，2017.11
ISBN 978-7-5377-5623-5

Ⅰ．①张… Ⅱ．①张… Ⅲ．①宴会－研究 Ⅳ．①TS972.32

中国版本图书馆 CIP 数据核字（2017）第 253531 号

**张和讲主题宴会酒店新模式**

**出 版 人：** 赵建伟
**主　　编：** 张　和
**责任编辑：** 张延河　王　璇
**责任发行：** 阎文凯
**版式设计：** 吕雁军
**封面设计：** 吕雁军

**出版发行：** 山西出版传媒集团・山西科学技术出版社
地址：太原市建设南路 21 号　邮编：030012
**编辑部电话：** 0351-4922135
**发行部电话：** 0351-4922121
**大禾热线：** 4006644131 或 13593159811
**经　　销：** 各地新华书店
**印　　刷：** 山西省美术印务有限责任公司
**网　　址：** www.sxkxjscbs.com
**微　　信：** sxkjcbs

**开　　本：** 787mm×1092mm　1/16
**印　　张：** 14.5
**字　　数：** 205 千字
**版　　次：** 2018 年 1 月第 1 版　2018 年 1 月太原第 1 次印刷
**书　　号：** ISBN　978-7-5377-5623-5
**定　　价：** 86.00 元

**本社常年法律顾问：王葆柯**

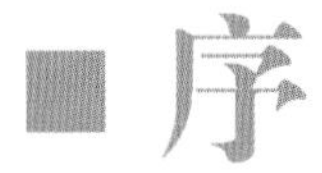

# 序

我是个追求不断创新的人，每一次创新的完成，都意味着下一次创新的开始。从企业机关辞职，转战传媒、广告、明星经纪、婚庆、餐饮、培训等行业，在每一种业态的某个领域都取得了不错业绩。“山西明星活动首席公司”“中国婚庆航母”“中国主题婚礼酒店创始者”等称号纷至沓来。一串串光环背后，是一次次思维的跃进、理念的颠覆。无论什么行业，创意、创新才是生存发展的关键所在，是一个企业持续发展的原动力。从“中国制造”到“中国创造”一字之差，彰显的是创意的力量。“大禾模式”成功的关键就是与众不同！源于我思维模式的不断创新，互联网思维的跨界、混搭早已成为大禾最基础的创作方法。无论是电视晚会与婚礼的混搭，还是婚庆与宴会的融合，都改变着传统的认知，迭代出一个又一个全新的事物，这也意味着一轮革命、一场颠覆、一次跨行的打劫已经开始。

“大禾模式”的主题宴会酒店来了。

谨以此书献给大禾进军婚庆行业十年！

张和

# 目 录

# 第一章 从混乱到混战的婚宴市场

◀伏羲、女娲雕像

# 第一节 婚宴的前生

洪荒年代，周口（河南）淮阳境内的两座山上滚下两盘石磨。这是一个赌局，只要两个石磨能滚合到一起，一个男人就要和一个女人成亲。如果他们不成亲，人类就会灭绝；如果他们不成亲，谈不上原始文明的早期形态和发展。本是美差一件，为何设天地豪赌才肯洞房？是男人有病，还是女人太丑？太白金星说：“都不是。”原因是他们系兄妹关系，彼此不情愿。可是命运作祟，两个石磨不偏不倚重合在了一起，人类的繁衍就在最初的混乱中拉开了帷幕。

那个男的叫伏羲，女的叫女娲，他们是一对兄妹。

为了纪念，他们立誓为约，婚宴的大戏就此拉开序幕，一唱就是千年。饮食男女莫能外。

《礼记·昏义》中的“昏”，古人娶妻，婚礼的迎亲是在黄昏时分进行，这时太阳将要落山，月亮就要升起，一个昼往夜来的时刻，因而得名“昏礼”。后来加上“女”字偏旁才变成“婚礼”。难怪有些区域还保留着晚上结婚闹洞房的习俗。

黄昏过后就是黑夜，或伸手不见五指，或月上柳梢头，那些绣楼的小姐和借居的书生开始了“隔墙花影动，疑是玉人来”的风流。

再风流也少不了一场大小不等的宴请，不然大姑娘以后如何见人。通过吃饭来堵了众口也就算把事办了。至今还有许多地方，不摆席就不算结婚，和领不领结婚证没多大关系。可以没有一纸婚约，但不能没有酒席。

民以食为天，中国人的天就是一张无从下口的大饼，甚至还有馅，做梦都想天上掉馅饼，怎么不掉点别的呢？

既然吃无处不在，就吃个天昏地暗。

孟子说：“独吃吃，不如众吃吃。”不对，好像应该是“独乐乐，不如众乐乐”。没有吃怎么会有乐？还是众吃吃更符合人性，更符合发展的需求。三五一群、七八一伙，在下班后，在节假日，找个说得过去的理由，凑到一起，于是宴会粉墨登场。

宴会就是筵席加上聚会。

据说宴会起源于社会及宗教发展的朦胧时代。那时候受生产力的影响，只在季节变换，耕种收获的时候举行庆典、祭祀活动，顺便聚会开吃。估计也就烤个全羊、整兔子，连盐、辣椒粉、孜然都没有，围着火堆，伴着更多的喧嚣和原始的冲动。如果当年他们就懂撸串，恐怕城管也可以早诞生几千年。

随着社会进步和历史发展，吃也与时

俱进，宴会更是花样百出。按规格分，有国宴、家宴、便宴；按习俗分有寿宴、百日宴、满月宴、接风宴等；按历史沿革分，又有五大名宴：满汉全席、全鸭宴、孔府宴、文会宴、烧尾宴；按时间分，有早宴、午宴、晚宴，还有夜宴。

在宴会历史长河中，最著名的还有曹操与刘备"煮酒论英雄"的豪迈宴席，一壶浊酒喜相逢，古今多少事，尽付笑谈中！最惊险当属鸿门宴了，那规模、那档次非同凡响，参宴者须提头吃饭，刺激万分！

近年来，随着旅游业的开发，侗族千人家宴也成为一道风景，吸引着四面八方的客人。从拦门酒开始了一段不醉不归的"宴遇"。

毫不夸张地说，宴会的发展史也是中国政治、经济、文化的发展史。

在众多宴会中，婚宴是最常见的，家家都要办的，也是本文着重描述的。不办酒席就想洞房，想不想混了？你不在乎，你爹娘也会被唾沫星子淹死，犯不着吧？赶紧麻利地选个日子，让街坊四邻解解馋，毕竟在过去的年代，地主家也没啥好吃的，小孩子们就是盼着谁家婚丧嫁娶，可以钻来窜去，手抓着鸡腿，嘴里含着丸子，高兴到难以形容。新人看在眼里，乐在心头，恨不得马上生个胖娃，以延续香火。从这个层面看，婚嫁从一开始就不是个人行为，而是家庭或者家族的大事。"上以事宗庙，下以继后世"，古今相同。

古往今来，婚宴成了新婚夫妇举行婚礼时必不可少的仪式之一，而"吃喜酒"也就成为民间对婚礼的另一个叫法，都是为新人送上祝福和恭贺，差异无非形式的繁简或多寡。有钱的大摆筵席，钟鸣鼎食。没钱的人家，嫁娶也不能太过寒酸，毕竟是家族大事，不能把人丢大了，七拼八凑砸锅卖铁也得脸上贴金，吃一块肉也行，还美其名曰"同牢"，贫贱夫妻的结合就如同坐牢吗（实际寓意夫妻从此同甘共苦）？现实中真有人为了面子，全家举

▲ 20 世纪 90 年代的婚宴现场

债以供宴会所需。

这其中也包括三百年前的文学巨著《红楼梦》。“当年笏满床，曾经为膏粱，曾是歌舞场。”贾家的一次家宴等于农民几年的收成。各种珍馐美馔，各种山珍海味，不仅生动描写了每次聚会场景，还详尽地记述了宴会菜品。《红楼梦》绝对不是三角恋那么肤浅的艳俗故事，各种聚会、宴请是她华丽的外衣，各种美味珍馐才是她真正的实质。没有面包的爱情叫柏拉图，柏拉图没有来过中国。中国人几千年来一直走在吃饱吃好吃完后还打包带走的路上。至于贾宝玉娶林黛玉还是薛宝钗显得不重要，重要的是宴席如何，毕竟刘姥姥们还没有实现小康。

▲农村地区的婚宴现场

## 第二节 婚宴的今世

张和的故乡是河北正定，1981 年随母亲迁居山西太原。1983 年陈小旭版《红楼梦》在这里开拍，那些轰动一时的新闻在当年真的比不过妈妈带他去参加一次喜事来得实惠。

唯一还留在记忆深处并能唤起故乡味道的是舅舅家的摆酒。在姥姥家院子里，摆了几张桌子，请了不知哪来的师傅现场拉开阵仗，凉热荤素、煎炒烹炸，应对着一波又一波的街坊邻居。吃完一桌再开一桌，循环往复，人聚人散如同流水，就是流水席了。

流水席至今还流行于中国大江南北的经济欠发达地区。也有发达地区的升级版流水席，各大酒店已经无法满足他们的客流量需求，干脆找个广场或体育场，几百桌同时摆开，那气势怎一个宏大了得。

舅舅家的流水席记忆定格在那个动荡刚结束的时代。画面再次清晰便是张和大哥与二哥的婚宴。改革开放的春风吹在了每一个渴望进步的角落，经过“文革”摧残过的肠胃是多么不堪一击，听说谁家办喜事，那一定是整条街一两个月都欢欣鼓舞的大事。交上几毛钱的份子，买个脸盆、枕巾啥的，堂而皇之地携全家老小上阵，吃上个盆干碗净，末了还把邻桌剩下的饭菜带走，一个星期的油腥儿足够了。

那时候的主打菜一定有整鸡、整鱼、红烧肘子、四喜丸子，量大味足，美味喜人。至于新人是谁，干了什么，怎么能比大快朵颐更过瘾？

张和从不吃荤，只吃素。婚宴对于他而言只是一场高兴着别人高兴的趣事。渐渐地他从中看出点门道，在二哥的婚宴上有了总管主持，工作包括念结婚证、介绍认识过程等程序，咬苹果成了那时婚礼的保留节目。之所以印象深刻，是因为他父亲在单位办公室工作，天生一副好嗓子，一手好书法。这还了得，公司几千号人都以请到他父亲做总管为荣，写对联、主持、安排一条龙服务，分文不收却乐此不疲，体现的是个人价值。

那时候，张和恐怕连做梦都想不到这辈子会与婚庆结下不解之缘，不像有些人从小就有做一个主题婚礼酒店的宏伟梦想。倒是一些顺口溜时不时还牵缠着他从童年到少年再到青年的岁月：“五十年代一张床，六十年代一包糖，七十年代表决心，八十年代三转一响带咔嚓……”记录着一个又一个时代的特征，展示着一代又一代人的幸福追求。

也是从20世纪80年代起，喜庆行业链条上的三个业态开始形成——婚宴、影楼、婚庆，同一个起跑线，同样的新人数量，三十余年的历史，发展却参差不齐。2013年年底，张和开始着手研究并提出了“新三国演义论”，喜庆产业的婚庆、婚宴、影楼，分久必合，最终谁将一统江山？婚庆公司由于自身从业者素质较低，张和早已宣布了它迟早被剿灭的结局，影楼的千篇一律也将自行终结。本是同根生的三者，却老死不相往来，错过了一次又一次的整合机会。目前看来，只有宴会酒店有此王者风范。

▲“闹公公、婆婆”的婚礼习俗至今还残留在广大农村乡镇里

大街小巷的婚庆店▶

张和的三国正在酣战！

三个业态按照各自的轨迹循序发展，婚宴市场从家庭流水席转入酒店，从纯粹吃喝，开始有了简单的仪式，这与宴会起源于某种仪式开始接轨。从简单的仪式跨越到恶俗典礼也是不得不说的一段历史。所谓恶俗，是指新人或其父母婚礼宴请当天成了被捉弄、被调侃甚至被侮辱的主体。轻则墨水、油漆浇身，重则拳打脚踢外加针扎，你听得天方夜谭，我讲得毛骨悚然。在一些偏远山区，更多的陋习依然大行其道，新郎致死、伴娘报警、现场大打出手

◀山西黄河京都大酒店金色大厅

◀大禾主办的第一届山西婚礼主持人大赛颁奖晚会

等新闻不时见诸媒体。

婚宴呼唤文明!

大约在20世纪80年代末到90年代中期，大江南北的婚宴婚庆市场已经如雨后春笋般蓬勃发展。大街小巷挂个牌子就可以承接婚庆，婚庆从业者不是小花店老板就是下岗职工，要么就是有点技术的摄像师、主持人，把一个本可以做大做强的文化行业,眼睁睁推进了手工业者的行列，折纸花、糊糖盒、搬音响、吹气球、穿水晶珠成了常态。

门槛低，竞争越来越激烈，最终死

伤无数。市场呼唤真正有文化、懂艺术、会管理的婚庆企业。

说了遍地开花的婚庆，再说说那个时期的酒店。酒店大厅不是什么人都能投资得起，所以在有些地方成为稀缺资源，有基本条件的场地都纷纷开始抢滩，企业食堂、农村剧院、单位招待所成为当时的重要宴会场所。

那时的星级酒店以及一些靠政府资源生存的酒店对婚宴是不屑一顾的。有的酒店明确标榜自己的品位高，不接婚宴，怕脏了地毯、坏了行情。那些刚刚爆发的土豪们一掷千金，要的就是面子，高档酒店偶尔也看在高利润而屈尊接几场婚宴，一派卖方市场的做派。他们清楚一场婚宴几百号人熙熙攘攘也就大几万元的收入，顶不上几个富豪的一天消费。

但是，有一部分市场嗅觉敏锐的餐饮企业早早看到了婚宴市场这块蛋糕，开始了转型。当年所谓的转型也只是多开发几个厅，一天可以多接几场宴席，至于专业程度还仅停留在初级阶段。

山西黄河京都大酒店就是20世纪80、90年代转型成功的典范。从几桌到几十桌的大小厅总计十几个，各种婚宴、生日宴、寿宴，你方唱罢我登场。生意好到爆。太原人办宴席都要在酒店门口搭建拱门，酒店生意好坏，通过看拱门数量便一目了然。黄河京都大酒店门口经常是七八个拱门前倾后轧，成为一道风景，艳羡许多同行。据说年接单量突破过1500场，粗算都有过亿的进账，独享着这块肥美的蛋糕。

进入21世纪，随着“80后”结婚浪潮的到来，全国普遍出现了一厅难求的局面。有些地方甚至一个厅一上午连续承办三场宴席，还能做到井然有序，如此商机千载难逢。

这一时期，东北也涌现了一批厅多量大的优秀宴会企业。

插段广告，中国山西幸福港湾·大禾文化产业集团（下文简称大禾）也是在这一历史时期发现了婚庆市场的巨大金矿，2007 年 7 月，张和果断放弃了传媒广告业务，带着仅剩的四名员工，拖着大病初愈的身体进入了婚庆行业，一个外行打劫内行的故事开始上演。

2008 年 4 月，大禾在黄河京都大酒店举办了第一届山西婚礼主持电视大赛活动，活动开创了行业在电视台搞比赛的先河。张和开始关注婚宴市场，如果能为新人建一座专属的婚礼场所，让每对新人都能满意享受婚礼，开启美好生活，肯定有很大的市场及可观的收益。这个主意渐渐清晰，开始占据张和的大脑，主题婚礼酒店的创意应运而生，伺机而动。

那个时候他已经从事近两年婚庆工作，策划、主持样样精通，最关键的是善于思考和总结，他对婚庆逐渐有了自己独到的见解，加上电视台从业经历，他推出了一系列行业闻所未闻的全新模式，包括后来全国普遍跟风的入住酒店模式、会议营销模式、主持天团模式、主题婚礼模式、三位一体服务模式、供应商模式等，这些都鲜明地印刻着大禾的特征，甚至当年的广告语“用电视晚会的水准打造您的婚礼”如今都还显得那么另类和那么超前。

难怪记者采访时感叹道：“中国婚庆业因为张和，发展速度提前了 5~10 年！”此话真假，各位看官抽空可以调研，这里不再赘述。你可以亲自验证的是另一个行业的发展轨迹——宴会业，也恰恰在印证着记者的那句话。

▲ 2008 年 10 月，大禾乔迁新的办公场所

# 第三节 主题婚礼酒店的诞生

2008 年秋，大禾风生水起，乔迁之际，亲朋好友欢聚一堂，席间好友赵先生提起想做一家高端酒楼，征求张和的意见，张和把早已成竹在胸的主题婚礼酒店的想法和盘托出，当时激动地无法掩饰，可朋友的疑惑在脸上也显而易见。毕竟在那个年代，每个餐饮人都有一个追求“高大上”的梦想，都想开一家当地最牛的高端酒店，当年的太原，由于煤老板这个暴富群体的存在，餐饮娱

◀ 主题婚礼现场

乐业一度引领整个消费市场，一个包厢一晚上消费几万、几十万的故事充斥着大街小巷，做一家豪华酒楼成为大多餐饮从业者的梦想。

谁会冒险投资一家前所未有的主题婚礼酒店？只为结婚人群服务，怎么可能赚钱？

好不容易接受了张和的建议，新的问题接踵而至，对酒店是否旗帜鲜明地悬挂“主题婚礼”几个字又产生了分歧。

为减轻对新生事物的质疑，张和收集了大量新人数据举证，即使取消零点客人消费，也有足够大的市场支撑，并承诺投资舞美设施设备以减少朋友的投资压力，要知道这是张和十几年的朋友，他不想因为自己的一个想法而给朋友造成损失。为此，他抽调自己公司最优秀的人员从事宴会销售订单工作，并成立一支演出队伍，免费为酒店提供演出，一切都是为了确保这个创意产生利润！

诚意所至，主题婚礼酒店的创意终于落地。

接下来的一系列勾勒，描绘了中国第一个主题婚礼酒店的雏形。因为没有可以借鉴的案例，一切都需要摸着石头过河。张和有着为600多对新人策划的经验，太

清楚新人的需求，除专业舞美设施外，新娘房、娘家房应运而生。

结婚当日，哪个新娘不想有一个自己专属私密的化妆间，可以换婚纱、休息，还可以任性的脱掉高跟鞋，和闺蜜聊聊天，和新郎撒撒娇。可是至今大多数酒店仍然没有考虑过这个需求。张和的潜意识告诉他，仅凭一个新娘化妆间就可以俘获新娘的心。抓住了新娘的需求，就是抓住了核心，许多创意一点点被挖掘出来。

▲中式厅发布中式主题作品，二者联袂生辉

有了专业的大厅，还要有一个可以呈现完美婚礼的舞台及专业灯光舞美，这在当年的酒店是绝对没有的，至今各地的大酒店无论装修得多么奢华，许多酒店仍旧

没有安装专业舞美设备。

张和可是电视导演、策划主持专业出身，对舞美有专业和独到的要求，把每场婚礼做成电视晚会水准是他的要求。于是，舞美灯光设计和安装全部按照电视台的要求进行，并创意、设计了电动幕布，可以放大禾强化新人拥抱的瞬间，背后幕布开启，豁然出现“我爱你”三个大字，哪个新娘不被震撼而感动落泪？

这一切看似简单，大禾却开创着婚宴的新时代，至今许多酒店还停留在干一场、安装一场、拆卸一场、搬运一场的繁杂而重复的工作中，九年前的大禾就已经解决了这些问题。

▲主题婚礼作品“罗马假日”在罗马大厅发布

▲ 近万家婚庆公司来大禾公司参观、学习

有了主题酒店、主题大厅，以及相配套的舞美，什么样的程序搭配在一起才能使作品更具感染力呢？

婚庆从业者至今懂空间美学的没几个人，大部分都是以开花店起家，把中国婚庆引到了一个“花花世界”，不能自拔。没有空间美感的结果就是婚庆装饰永远都不考虑整个空间色彩风格，只考虑新人的喜好和策划师的个人建议，往往很多上档次的，甚至世界名师设计的大酒店，被不伦不类的婚庆布置弄得品味索然。因此，好的婚礼作品设计一定要考虑周边环境，尽量融为一体、相映生辉。

2009 年 9 月，中国第一家主题婚礼酒店在山西太原落成，据考证虽然不少地方有厅多活多的酒店，但第一个叫“主题婚礼酒店”的，这是第一家，而且“主题婚礼酒店”这个名字本身语法是有问题的，正确叫法应该是“婚礼主题酒店”。所以，大家以讹传讹，凡叫主题婚礼酒店的应该都与大禾有着千丝万缕的关系。2014年后，大禾统一把“主题婚礼酒店”改成“主题宴会酒店”，当然又引起了业界的一阵跟风。知道为什么当年有此语法问题吗？了解婚庆发展史的朋友们都很清楚，2009年正是婚庆业主题婚礼作品流行的时间，张和就不假思索地把酒店这样命名了。

酒店开业当天，来自四面八方的人把酒店围得水泄不通，白色的罗马柱、金色的水晶灯……多种元素构架出一座罗马欧式的殿堂，当配套的主题作品《罗马假日》音乐响起，英伦范儿的护卫队和十六世纪宫廷的侍卫依次出场，你眼前的一切不再是婚礼，而是一场欧洲皇室的聚会。

▶ 第六届中国婚庆人高峰论坛在大禾举办

2012年，《人鱼之恋》《国色天香》《雪绒花》《霓裳羽衣》《桃花红杏花白》《盛唐华彩》《罗马假日》等一系列定制主题作品应运而生。酒店成了同行的学习基地，大禾也登上了中国最大婚庆公司的宝座。

2012年7月26日，第六届中国婚庆人高峰论坛“大禾有约·聚首龙城”在太原举行。来自全国婚庆、婚宴、影楼的专家、学者、从业人员近五百人齐聚一堂，参观了主题酒店和大禾公司，4000平方米的办公面积、300人的团队震撼着每一位来宾。

从此，大禾成为全国婚庆人参观学习的圣地，中国婚庆航母的美誉大禾实至名归。张和也顺理成章地成为各种论坛、颁奖典礼的座上宾，被中国民间文艺家协会婚庆专业委员会聘为副主任。

# 第四节 婚宴的当下

一开始，所有人都认为主题婚礼酒店只是一阵风而已，这样的风比季风还多，吹来吹去，人们已经习以为常。

2014年，高档星级酒店骤然少了客人，仅剩的婚宴成了救命稻草，大家纷纷把目光转向这个聊胜于无的市场。降价抢客是商人最直接赤裸的方法，五星酒店单桌包饭已跌破2000元大关，昔日皇帝女儿捧着金饭碗如今也混迹于讨婚宴的队伍。

一到夜晚，整栋整栋的酒店霓虹灯不再闪烁，豪华的包房空空荡荡，剩下不多的几个服务员百无聊赖……老板们互相回忆着前几年的风光，观望眼下的困局，希望有一天可以好景再来。2014年坚持，2015年咬紧牙关再坚持，2016年开始绝望，大量的酒店倒闭、转型潮才刚刚开始。

2014年，我们也嗅到了市场的死亡气息，订单下滑还不足以引起员工恐慌，桌数的减少直接削减了利润，怎么办？大禾是一个靠思维发展的企业，有思维就有一切。当单价减少成为定局，单量增加依然可以弥补。于是，迅速调整战略战术，推出“件指巅峰”等一系列营销活动，整体效益得到了有效保障，大禾业绩不降反升，逆势上扬，成为业界一个寒冬的传奇。

同时，太原餐饮龙头企业也开始放下身段。除开设大量百姓餐饮外，把原有的豪华包间改建成宴会大厅，邀请大禾团队进行销售培训，组织了近十场会销发布，成功实现转型。

山西大型餐饮业如此局面，外面的世界还好吗！

2015年，张和本人开始应邀到全国

各地交流指导，用哀鸿遍野来形容所看到的餐饮业现状毫不为过。多少曾经红极一时的高档老店面对突如其来的形势束手无策，等待、忧虑、观望，找不到任何利好的方向和消息。

江苏某媒体当时的报道可见一斑：国八条出台，江苏餐饮业开启大众化消费新时代，全省餐饮业光盘行动是今年餐饮业影响最大的两个活动，在厉行勤俭节约、反对铺张浪费的前提下，业绩严重下降。当年，江苏高端餐饮 10% 关门，30% 亏损，30% 继续观望。升的是大众餐饮……

▲ 大禾为太原餐饮龙头企业打造的户外婚礼秀

于是，大型豪华酒店自发转向婚宴市场成了集体行

为，采访中许多酒店老板都强烈表达了转型的渴望，看到了婚宴市场但又捉摸不准，想投资却又苦于没方向。

“纠结”这个词在当年成为最流行的网络用语，许多等待观望的餐饮企业在转型与不转之间继续纠结。

大禾的纠结，是如何摆脱束缚、走向全国！束缚有来自合作的限制，有来自行业本身的缺陷，还有地域的困扰。这对于创意者来说无异于老虎上了枷锁，给凤凰束缚了翅膀，失去自由等于失去生命。大禾一直坚信总有振翅高飞的那一天。

▲大禾培训现场

2014 年 3 月，大禾自营的第一家主题酒店在晋中诞生，它的使命很明确，成为大禾主题酒店发展的孵化复制基地。

2016年1月1日，大禾吹响征战全国婚宴市场的号角，“100宴霸计划”应运而生。一个大胆的决策将为全国餐饮宴会市场带来什么？张和将再一次在全新领域打劫吗？当天时、地利、人和都契合在一起，时势赋予的机遇千载难逢，大禾不想错过，坚定地握住命运之手。

2016年大年初六，张和人已在征战全国婚宴市场的路上，他知道太多人期待“大禾模式”，需要“张和智造”！

▲大禾坚信，总有振翅高飞的一天

# 第二章 “大禾模式”全解密

"大禾模式"是大禾公司自2007年以来在婚庆管理、销售、作品等方面不懈探索，形成的独树一帜的婚宴文化综合体。"大禾模式"具有鲜明的原创性和独创性，曾经引领了婚庆业的发展，如今正缔造着餐饮宴会业的传奇。

本章将全面系统地解密"大禾模式"，从主题酒店、主题厅、主题作品，到营销策略、营销团队一一展开，一个精彩纷呈的现代企业将跃然于眼前。

## 第一节　主题酒店、主题厅

自从大禾主题婚礼酒店落成那天起，从来没有间断过造访者。许多酒店经理人纷至沓来，装作客人，扮成情侣，以各种方式进入酒店，手机、照相机、录音笔统统派上用场，像特工一样进行着收集工作。其实，很多时候可以大大方方地到前台要一份宣传资料，里面文字、图片都有。大禾的大门是敞开的，因为创意不断，所以不怕复制，何况创意人员最大的满足是他的作品被广泛传播，假如在传播的过程中点个赞或送个锦旗什么的就更加圆满了。

如果酒店是一个作品的话，那么表达的主题就是灵魂。

主题婚礼酒店（或宴会酒店）的灵魂到底是什么呢？

主题婚礼酒店是新生事物，他的灵魂是主题婚礼。如同一篇文章，没有主题，就是散沙。主题是贯穿全文的主线，是整篇文章围绕的对象，是服务的核心。既然主题婚礼酒店的主题是婚礼，那么就让我们从婚礼开始探究。

婚礼，古今中外一直是人类社会最重要的活动之一。它的意义自不必多述，它是现代社会两个家族之间最大的一次精

◀ 在蓝色爱琴海厅里，新娘乘船驶向爱的彼岸

◀ 300 度全 LED 屏的印象厅时尚绚烂

神聚会，它既是私属的，营造着两个相爱的人浪漫温馨的归宿，也是社会的，展现着不同家族的文化、修养、气质以及财富。因此，不同的家庭对婚礼风格的要求就各有不同，对展现方式的要求丰富多样。经过多年的调研，张和总结出了新人及家庭对婚礼感受的描述，最终集中在浪漫温馨、庄严神圣、热烈吉庆、大气奢华、时尚另类五大感觉。这五种感觉基本囊括了所有新人及家人对婚礼的期盼。

这几种感觉如果可以用相应的色彩或饰物展现，新人只要对号入座，岂不是效率更高？如果有几个大厅，分别装饰出几种感觉，色块基础上创意出主题风格就变得简单，每个大厅的主题亦呼之欲出，例如中国风厅，大家首先会想到红色，灯笼、彩绸等元素，一曲琵琶、一段唢呐在这里演绎得缠绵吉庆，新娘身着华服，掩映着红烛摇曳生辉，自然诠释了热烈吉庆的感觉。爱琴海厅，蓝天、白云、大海映入眼帘，每个新娘可以乘着精美的小船在亲朋好友的祝福中缓缓驶向爱的彼岸，想一想都彻夜激动，流淌山的浪漫丨分醉人。罗马厅，罗马柱、拜占庭、欧式皇宫等元素跳进眼帘，当新郎带着熊冠的皇家卫队来迎娶新娘的时候，艳羡的目光都可以照亮大厅的每个角落，大气奢华不言

▼ 婚宴现场布置

▲ 大禾主题厅之一：伊甸园厅

而喻。当然还有伊甸园厅传递的神圣庄严，印象厅中高科技表达的时尚另类……

一个主题演绎着一种风情，诠释着一对新人的故事。白马王子与公主的幸福生活就从每一个主题厅开始蔓延。

至今，我们已经创意策划了几十个主题大厅，每个厅风格迥异。其中浪漫温馨的大厅有爱琴海、天鹅湖、海豚湾、花海、绿野仙踪、流星花园等；神圣庄严的大厅有尚品、仪式堂、伊甸园等；热烈吉庆的大厅有中国风、晋韵、忆江南、国风、红韵等；大气奢华的大厅有罗马、维也纳、金色等；时尚另类的大厅有印象、星光、西北风等。

只有名字没有风格的大厅标识▶

许多餐饮老板找到大禾后，一开口还是能不能设计一个最豪华的大厅，在当地要做老大、做最好。典型的本位主义，只考虑自己要什么，从不考虑市场需求。曾经，浙江的一个客户要求设计一个能容纳 100 桌的豪华大厅，他的目的很明确，就是要做老大。张和问他 100 桌的大厅一年能接多少场宴席，他的回答是“应该很多”。后来经过市场调研，2015 年整个地区超过 50 桌以上的宴会不到十场， 为了这区区十场投资一个大厅值吗？在大禾的建议下，这位客户放弃了原来的想法，按照市场调研的数据打造了几个适合的主题厅。

小投资要大回报，这就更加考验创意能力。

大禾主题酒店模式（简称“大禾模式”）在 2008 年创意，2009 年实现，已经过去将近十年了，还有人至今看不懂其奥妙所在。在全国调研的过程中，大禾团队发现大量酒店的大厅没有明确的风格，仅仅是都有名字，例如叫玫瑰厅或普罗旺斯厅，厅内却看不到一朵玫瑰和薰衣草。更有甚者把大厅编号，一号、二号、三号……每个厅的装修、装饰、摆设一模一样，根本无法让消费者产生消费的冲动和理由。

大禾主张的模式，简单理解为叫什

◀ 灯光设计不当造成了光污染

◀ 专业的舞美设计让舞台显得秩序井然，更重要地是专业背后的安全

么名字要有相应的形式或内容进行匹配，一说什么主题就能够让消费者可以直接感受和体验到，从而产生契合，促成消费行为的完成。

一个好的主题厅，除了要有与主题相匹配的色彩、装饰、道具外，灯光、音效、视频等舞美设施设备的完善也不可忽视。我们经常看到两种现象，一种是客人自带或委托承办公司办；另一种，满厅都是灯光，照得如同白昼。前者看似省事简单，却没有算过因此错失的利润比饭菜酒席还高。且不说每次搬运对酒店设施设备

▲重金打造的舞美设施，堪比春晚现场

带来的破损成本，更关键的是，临时搭建的舞美设施存在极大安全隐患，出了问题，酒店难逃干系。

2013年2月，正在太原某煤炭大酒店施工的北京某婚庆公司桁架倒塌，造成直接损失百万元，最终赔偿15万元。

有些酒店受了舞美厂家的蛊惑，购置了大量的灯光道具，成了一种堆积，仅光束灯就安装了几十台，堪比《我是歌手》的阵容，不仅造成资源浪费，还造成严重的光污染 。最夸张的是内蒙古某旗，一个大厅，据传仅舞美灯光造价1500万元，租用一次才5000元，估计用到设备淘汰，也收不回投资成本。

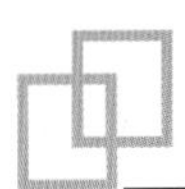

▲ 2008 年，大禾的拍摄团队

以上都是非专业的营销理念所带来的结果。宴会酒店以承接各种宴会为主，以婚宴为例，灯光舞美基本上设置在舞台、副舞台两个区域就足够使用，既突出了重点，又减少不必要的浪费。

企业是以赚取更高利润为目的，一个企业占用了大量社会资源，却赚不到利润，员工怎么办？员工家庭怎么办？由此，“大禾模式”提出“轻装修重装饰，小投资大回报”的理念，打破了餐饮界追求“高大上”，动辄几千万甚至上亿的投资不良传统。一块大理石没有、一件红木家具没有、一寸真皮没有，打造出的酒店照样受到追捧，玩得就是一个创意。南京凯旋大酒店的

▲“张和智造”经典案例——花海厅

马光飞董事长说：“原来改建一个厅需要上百万甚至上千万，现在大禾教会我们几万、几十万就可以完成，太厉害了！”

创意就是生产力！一个好的创意可以拯救一个产品，挽救一个企业，改变一个市场。创意是商业社会最值钱的商品，是优秀企业赖以生存的根本。中国经济的发展已经深深体会到创造的价值，整个社会都在呼吁“中国制造”迈向“中国创造”。一字之差，要付诸几代人

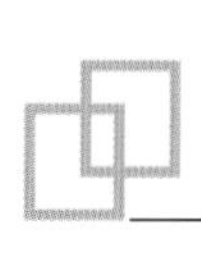

的努力。大禾的创造力一直领先业界，创意能力首屈一指。无论是婚庆入店的模式，还是主持天团的模式；无论是主题酒店模式，还是婚庆宴会营销模式；无论是餐饮会销模式，还是主题婚礼主题生日模式，都闪烁着大禾的智慧，深深铭刻着“张和智造”的烙印，即使被复制、被抄袭、被剽窃，也只是一直被模仿，从未被超越。

许多酒店老板苦于自己酒店层高低、柱子多、装修简单等不利因素，四处寻医问诊，被一些加盟机构拒之门外，理由是不够“高大上”，不允许加盟。试想，如果都是“高大上”、无柱子的大厅凭什么还要加盟你？

大禾解决的就是疑难杂症。怎样把一个大厅的缺点变为优势卖出去，这才是真本事！

大禾自营太原长风店，有一个层高不到 4 米，总面积 200 多平方米的厅，这么小的空间有大大小小七根柱子，用来当作厨房可惜，当作办公室又太大。张和亲自创意设计，巧妙地把柱子变成了树干，用树做装饰的创意在全国已经泛滥，为避免雷同，白色的树干开满粉色、白色的樱花，创意脱颖而出，当大厅铺上精心设计的绿色花纹地毯，一条林间小径组成的 T 台蜿蜒其间，一幅梦境的花海之图变为现实，每位新

◀ 适合儿童生日、童话婚礼的海豚湾厅

◀ 山西首家 3D 全息大厅

娘走进林中，都不由自主地发出由衷的赞叹，一个毫无优势的厅成为该店的主打，也成为全国复制最多最快的创意作品，樱花也一时间断货难求。最有意思的是不少酒店把本来没有柱子的大厅专门加上柱子改为“花海厅”。

花海厅已满载大禾创意，绽放在大江南北，成了“张和智造”的经典案例。

在考虑到各地宴请和地域风俗差别后，推出的儿童生日宴会系列厅也各自精彩，无论城堡、卡通、动漫，都透露着浓浓的童趣，置身其中，仿佛回到了儿时的故事或者电视场景，吹蜡烛、抢礼物、送祝福，到处是满满的爱意……

▲大禾婚礼作品《流星花园》

# 第二节 主题作品

主题酒店的作品分为仪式作品和菜品，本篇着重介绍的是仪式作品。宴会仪式是一场宴会的焦点，各地调研数据显示婚礼占大半江山，其余宝宝宴、生日宴、寿宴、升学宴、答谢宴、乔迁宴等占比不一，本篇将重点着笔婚礼作品。

“大禾模式”要求主题厅和主题作品，前提是在各厅风格确立的情况下，根据整体风格确立主题作品。

◀ 大禾为中式厅定制的服饰美轮美奂

婚礼作品在酒店主题厅完成，这里再次强调空间美感，作品要表达的形式和内容一定要与周围环境吻合。这就需要创作者不仅懂色彩艺术，还要有深厚的文化功底和丰富的建筑知识。

好的婚礼绝对不是孤立的存在，每个色彩的选择不仅要考虑新人的喜好，还要结合酒店大厅整体风格的协调，难就难在怎么相得益彰。

目前流行大江南北的主题模式大多是把两个新人的名字融在一起，叫起来好听、顺口就够了，至于婚礼表现的是什么却不重视。

张和一次应邀到东北绥化的一个酒店做现场指导，正碰上中午举行婚礼，看展架上婚礼主题叫作“丹凤朝阳”，心里一震，这个不大的城市都能驾驭这样文化底蕴的主题，真是藏龙卧虎，这一定是场盛大且寓意深刻的中式婚礼。

这样想着，张和步入了典礼大厅。映入眼帘的居然全是白色装饰，确认没有走错之后张和开始有些失望，估计又是一

◀贻笑大方的婚礼主题

场伪主题的聚会。果不其然，新娘白纱一袭，新郎西装革履，从头到尾没有半句与丹凤朝阳有关的音乐与主持词。原来新娘名字中含一个“丹”字，新郎名字中含一个“阳”字，凑了个丹凤朝阳的主题，说其不伦不类已经算是客气了。

更有贻笑大方的案例，2015 年河南的一场婚礼结束后，婚礼公司兴致勃勃的发了朋友圈：“主题婚礼‘情霏得已·鑫鑫相印’圆满礼成！”这个“霏”字一定又是新娘的名字，可是有没有想过“情非得已”是什么意思？难道新娘一百个不愿意嫁给这个男人？更奇怪的是，这样的主题新人不介意，父母家人也不介意？来宾也都没有想法吗？

一个好的主题绝对不是拼凑，而是对新人的故事或所涉及事物的提炼。有了好的主题，接下来所有的形式就要围绕主题进行配备了，主要包括道具、鲜花、音乐、主持、服饰、舞美等，最后呈现出的就是一个完整的有灵魂、有高度、有文化的主题婚礼。这样的作品与主题厅的寓意

▲大禾主题婚礼作品《丹凤朝阳》

相得益彰，成为不可复制的独家产品。就是说，只有这个作品与这个厅最匹配，多一点装饰嫌多，少一点嫌少，我们给的就是最好的！什么是最好，适合就是最好！

客人还会固守己见吗？你当然会说，客人的需求各不相同，不可能一两个作品卖给所有客人，对这个问题的探讨，将放到大禾另一个尖刀模式销售中讲述。

大禾十年婚庆，创作出一系列脍炙人口的经典主题婚礼作品。其中《罗马假日》《红灯贺喜》《王者归来》《穿越千年的爱恋》《彩云追月》《人鱼之恋》《爱在四季》《天使之恋》《雪绒花》等作品广为流传。

2010 年，大禾与电视台、报纸媒体联合举办了一次

发布活动。当时每个厅都设计一款主题作品，其中有一个大厅以金色为主，定名为维也纳金色大厅，什么样的婚礼能够在这里绽放异彩呢？

欧式宫廷创意设计在罗马厅使用了，一时陷入瓶颈。维也纳有什么故事呢？有什么把控点呢？有什么与婚礼有关呢？突然想起著名歌唱家宋祖英曾经在维也纳金色大厅举办过个人演唱会，一个纯西方的殿堂上演了一场纯粹东方的民歌盛会，金色大厅既然能融入宋祖英的中国身影，就不能打破常规做一个中式感觉的主题婚礼？

▲大禾主题婚礼作品《彩云追月》

金色与红色的碰撞，中式与西式的融合，创作出了《国色天香》主题作品。当新郎走向舞台，和全体来宾

一起面向舞台上一朵硕大的牡丹时，伴随着宋祖英演唱的《国色天香》歌词“你是盛开的牡丹，国色天香满人间”，新娘随着牡丹花层层绽放，脱颖而出，最为华幻艳美的一刻永远定格在大禾的经典画像中。

2013 年 7 月，大禾携作品《桃花红杏花白》参加在青岛举办的首届婚礼作品大赛，一举夺得金凤凰特别大奖。评审会主任著名婚俗专家潘旺众先生激动地站起来说：“这绝不是一般婚庆人的高度，怎一个美字了得！我们无权对这部作品评审，建议直接获得特等大奖。”

这部作品经过前后历时两年的改编。全篇用山西民歌贯穿，开场的主题歌《桃花红杏花白》在山西广为流传，

▲大禾主题婚礼作品《国色天香》

▲大禾主题婚礼作品《桃花红杏花白》

描述了妹妹与哥哥之间的恋情。一曲《绣荷包》，妹妹的思念跃然眼前。当男高音《圪梁梁》响起，哥哥和伙伴们吹吹打打来迎亲，恢弘的交响乐《桃花红杏花白》伴着视频中奔涌而下的黄河水，激荡着黄土儿女永恒的爱情。作品倾注了张和对山西民俗文化的崇拜与追求。他曾经走遍山西，到村头田边收集民歌，曾经夜宿窑洞，体味黄土风情，这些都为他的创作奠定了基础。

民族的就是世界的，民族文化是立根之本。对山西文化的热爱，又诞生了另外一部中式婚礼扛鼎之作《乔家大院》。

从 2011 年筹备，到 2014 年发布，历时 3 年多完成

大禾主题婚礼作品《乔家大院》剧照▶

了这个婚礼界的恢弘巨著。这期间正是大禾飞速发展的阶段，张和已经从一个专业主持、专业策划的身份转型到专业管理，没有大把的时间用来策划婚礼了，经过断断续续的搜集整理完善，终于在2014年面世。将婚礼作品定位“乔家”，是因为他是晋商的佼佼者，是晋商文化和精髓的集中体现，是世人所熟知的山西大院文化的代表。但是在这部作品中，创作人员还融入了山西很多地区的婚礼风俗、民俗，可以说这幕《乔家大院》，是从婚礼的视角阐释了山西的婚礼文化，对于山西婚礼特色极具代表性。

如果说，大禾的第一部大型婚礼作品《桃花红杏花白》是在讲述百姓的婚礼故事，那么《乔家大院》则更加官方和隆重。贯穿剧目始终的中国红以及最具特色的乔家红灯笼，每一个细节都非常讲究。一部关于《乔家大院》的专题片，浓厚的历史背景及晋商文化，引出了包含的五个篇章，历时35分钟，跨越三日的婚礼大戏——敲门鼓、迎娶、进门、洞房、回门，加之升华主题的“乔家家训”传承，让所有来宾仿佛置身于那个声名显赫、庄严肃穆的中堂宅院，不仅对作品本身产生了浓厚的兴趣，更对山西婚礼文化心怀仰慕。

乔家大院
QIAO JIA DA YUAN
幸福港湾大型原创民俗婚礼
幸福港湾
HARBOR OF HAPPINESS

“乔家家训”中所谓功名富贵、所谓道德文章，是传承了数百年晋商的精髓。大禾婚礼作品演绎出的大院婚礼，则是以己之责，倡导全国的婚庆人，挖掘各地婚礼文化，并将其传承、发扬。这也就是中国山西幸福港湾定2014年为“大禾文化年”的原因所在。这部主题作品反映的是明清时期山西晋商的精神风貌，展现的是大院文化背后的家族气质。仅服装一项投资近三十万元。作品中融入了山西各地的婚俗和民风，吕梁的伞头舞、晋中的祈福鼓、晋南的闹洞房以及家训、归宁等文化遗产。

▲大禾主题婚礼作品《乔家大院》

在晋韵主题大厅看《乔家大院》，主持人一嗓子“掌灯”，所有看客仿佛置身其中，6米高“喜”字从天而降，

侍女仆人鱼贯而入，一场山西文化大戏由此拉开序幕，一次晋商之旅隆重开始。

专家评价，如果有哪一部婚礼作品可以代表中国出外展示，只有《乔家大院》！

以上大量笔墨描述了中式婚礼主题作品。只有中式作品才能展现一个企业的底蕴和文化，但并不代表大禾没有时尚或西式作品。在十年的从业作品中流行时尚婚礼占 90%。

流行婚礼主要以西式元素为主，神圣、简洁、浪漫是主要诉求点。

▲大禾主题婚礼作品《天使之恋》

每个女孩都是天使，当她遇到爱的人就会褪去可以飞翔的翅膀，来到人间，与相爱的人共度一生。每个新

◀ 大禾主题婚礼作品《爱在四季》

娘都有一个天使梦，白色的蕾丝纱衣配一对圣洁的翅膀，俘获了千万新娘的芳心，《天使之恋》主题作品从 2008 年诞生至今依然是大禾主打作品，依然深受新娘的喜爱，100 个新娘就是 100 个不同的天使，各自演绎着自己的精彩。

《爱在四季》是大禾另外一部畅销作品，创意点是新人登场分别从四名花使手捧的四季鲜花中采集花蜜，不同的花蜜有不同的韵意，经过两人的酿制成为生活的美酒，寓意深刻，形式新颖，受到广泛欢迎。

▲儿童生日主题作品《起航》《绽放》

▲大禾寿诞作品定制服装成为一大亮点

主题风格大厅很多人担心除了新人结婚，其他宴请还会来吗？事实证明，只要引导合理，一切皆有可能。大禾把每个厅的设计优势与各种宴会结合，创作出一批除婚宴外的仪式，让专业成就业绩。例如为儿童生日宴创作的《起航》《绽放》等主题，紧紧围绕孩子的成长，寓意深刻，寓教于乐，已经成为流传甚广的大禾作品。大禾的寿宴也极具特色，除了长寿面、寿桃外，独家设计师都会为老人量身定制一套中式礼服，既喜庆又漂亮，成为大禾又一核心竞争力。

◀大禾定制的状元服

主题风格的大厅加上主题婚礼作品成为“大禾模式”的显著特征，也是“张和智造”的精髓。

有了主题大厅和主题作品就万事大吉了吗？如果仅靠这点，绝对支撑不了大禾如此显赫的地位，探寻大禾的绝密之旅才刚刚开始。

假如把各地模式的主题酒店当成一个新瓶，里面装的什么酒才是决定因素。新瓶装旧酒来糊弄一时，过不多久就会被淘汰。张和担任顾问的多家店都遇到了类似问题：主题酒店主题大厅都具备了，遇到了新的瓶颈。大禾总经理王艳芳说：“有了好的酒店，还要有好的厅，有了好的厅，还要有好作品，有了好作品，还要有人会卖，还要卖个好价钱！”

▲大同瑞世佳典主题酒店聘请张和先生为总顾问

塞外名城大同，自古以吃闻名。2015年1月27日，这里诞生了一座名叫瑞世佳典的主题婚礼酒店，聘请了当地传统婚礼公司担纲，典型的新瓶装旧酒，董事长梁先生发觉问题，但总不清楚问题出在哪里。

婚礼天天有，就是不赚钱，梁董带着他的高管们北上南下，遍诊四方，最终还是打听到了这种模式的鼻祖大禾。张和直指问题要害，全新的酒店模式应搭配相应的运营模式，而绝对不是餐厅与婚庆公司的简单叠加。

中国婚庆公司90%都是号称定制化服务。而主题酒店从诞生那一天起就打上了量产的标签，一个定制追求质，一个复制追求量，矛盾就此产生，要么换人、换模式，

▲瑞世佳典酒店的天鹅湖厅

▲瑞世佳典酒店三部开业

▲瑞世佳典酒店的中式厅

要么停滞不前。梁董和他的团队执行力一流，马上做出决定，全部引入“大禾模式”。

经过一个月的内训，大同瑞世佳典酒店开始有了转机。8 月 14 日，大禾全部原班人马空降大同，在瑞世佳典酒店举办大同有史以来第一次婚宴会销！会销是“大禾模式”中最有利的战术之一，杀伤力极大。当天营销人员请来了近百对即将结婚的新人，大禾四部经典作品《丹凤朝阳》《桃花红杏花白》《爱在四季》《天使之恋》悉数登场，精美的创意、炫彩的灯光……每分每秒都震撼着来宾的视觉。“蒙圈”是唯一可以形容当时情景的词汇，最终现场签订订单 89 件，出乎所有人的预料，大禾军团在古城首战告捷。

瑞世佳典在梁董的带领下很快行驶上快速发展之路，2016 年单店产值突破六千万元，其中仅婚庆收入就高达 1200 万元！ 2016 年被确立为"大禾模式"标杆企业。到 11 月再次造访时，他们的老店也已重装面世，梁董一定尝到了主题酒店模式带来的成功滋味。书稿付印前最新消息，梁董的第三个店十余个厅 4 月 25 日开业！

这样的案例还有很多，总结起来就是有了不错的硬件，再加上"大禾模式"独有的软件，才能珠联璧合。

"大禾模式"中的作品再好，没有优秀的人把它推销出去并卖个好价钱，也是枉然。大禾真正的核心干货营销策略、营销团队浮出水面。

# 第三节 营销策略

自古"酒香不怕巷子深"被推崇为商界至理名言，餐饮业也不例外。一直信奉好菜不愁没人吃。这是谁说的不重要，重要的是说此话的人一定出生在一个青黄不接的年代或十里八村不见一个酒肆的穷乡僻壤。在那个背景下别说好酒好菜了，有吃的就不错了。换句话说，人们还处在农耕文明时代，日出而作，日落而归，哪里有工夫酿酒？加上国风轻商，经商时常被冠以奸猾之名，没什么人看得上做买卖。自然酿酒的少，开饭店的少，满城只有一个酒坊，手艺只传男不传女，一脉单传，又不想被冠以奸商，半遮半掩地藏在巷子深处。

◀ 大禾聘请曾志伟先生为公司的形象代言人

总裁张和先生和曾志伟一起切开庆典蛋糕 ▶

酒香不怕巷子深。不是酒香不香的问题，是独此一家别无选择。

按时下的话说，没有竞争、爱买不买、完全是卖方市场。就如同哈尔滨前几年的星级酒店，结婚的人多，适合的厅少，于是许多酒店的大厅整个上午可以接 2~3 场婚宴，一波一波还没吃好的客人自觉离席，为下一场宴席让位，典型的卖方市场。这种宴会市场的好景随着市场发展逐渐弱化。各种主题酒店的崛起，让酒香不怕巷子深的古话真的作古，我们今天面对地是好酒也怕巷子深的尴尬。

▲张和与大禾印象形象代言人曾志伟

其实卖酒的最奸滑，不是掺水不掺水的问题，而是一面吹嘘着酒香不怕巷子深，一面又在街道上悬挂上最显眼的酒晃。据考证这应该属于最早的广告形式，还派出了一个骑牛的小孩在村头当托儿，在一个清明节的雨中遇到了一个断魂的诗人，写下了著名的诗句“借问酒家何处有？牧童遥指杏花村”。难道杜牧有鼻炎闻不到酒香吗？非也，是杏花村酿酒的太多了，不知道哪家最好。幸好有牧童这个酒托指给他去汾酒厂，这完完全全是个套路，是绝对的营销案例，被迷惑的不是卖酒的，却是大批做饭的，百分之九十九的厨师或饭店老板都仍然坚信菜香不怕巷子深的老话。

▲西式宴会摆台

把大量时间精力放到菜品的开发研究上，呕心沥血地研究出一道菜，没成想到第二天对门就推出了一模一样的菜品，量还大，还有赠品，你除了崩溃就是自怨自艾。回到厨房继续创造，造完又被盗版，循环往复。有人甚至对盗版别人乐此不疲，于是形成了餐饮业互相学习、互相造访的风气。老板带着厨师、高管，三五成群开车或乘车寻味而去，吃遍各地酒店饭馆，回来复制盗版，已经成为餐饮业一大景观。

爱屋及乌，厨房也成了最爱。中国餐饮业又一奇葩现象诞生。饭店老板都爱让人参观厨房，尤其是嘉宾来

▲ 大禾精心打造公司对外形象

访，不到厨房一游都不算来过。去别人家酒店，千方百计也要进厨房一探究竟，莫非厨房都暗藏玄机？这是一种什么心理？如果从消费者角度看是为了放心，可是真正的消费者有几个关心厨房如何？我吃猪肉还要去看看猪圈？吃白菜还要到白菜地辨辨真假？

更有甚者，花大价钱把厨房弄成什么“ABCD”，看上去很“高大上”的样子，完完全全都是以我为中心的思维方式。他们认为菜品重要，厨房跟着也重要，至

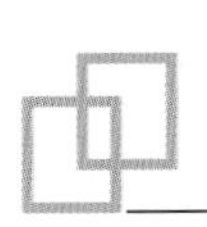



于消费者怎么想并不重要！中国还有句古话“君子远庖厨”，你非要逼我做小人么？开个玩笑，作为外行打劫者，慢慢适应吧。

事实上，张和考察访问了全国许多酒店，被进入过很多厨房，但一切掩盖不住业绩的下滑和门可罗雀的窘境。如果把研究菜和厨房的热情拿出一点点，关注一个被行业遗忘已久，甚至就没有流传过的经营绝杀——营销，想必会使企业在激烈的竞争中脱颖而出，成为可能。

有老板据理力争，我们也有营销，我们也做过广告，也发过传单，也组织过公益活动，还上过新闻，怎么我就没有什么结果？想问你持续坚持了吗？这是项系统工程，不是三天打鱼两天晒网的事。

营销是一门研究市场规律的重要学科，而且随着经济发展不断变化发展。它综合了公众关系、广告心理学、礼仪学等，成为现代商业竞争中最重要的手段之一。

餐饮业总被定位为传统行业，所以一直不屑营销或一直不懂营销。在现代商业社会没有传统

与非传统，只有思维模式的改与不改，跟上形势转型发展和改革创新就是现代企业，固守不变、刻舟求剑只有被淘汰。因此，传统的是思想、是人。

餐饮业不重视营销至今已成痼疾。饭菜已经研究到除了人肉什么都敢吃的地步，服务已经到了感动的客人涕零如雨，管理已经严格到军营的程度，卫生已经到了洗手间的水能喝，又能怎样？业绩下滑终成定局，这些又岂能挽救？

▲ 大禾自制电视栏目《幸福时刻》

有一种叫肯德基的快餐，在韩国吃是需要自取，自己收拾，自己返还的，既没服务，也没管理，但生意怎

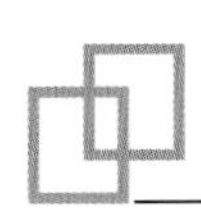

大禾在山西长治捐建爱心小学▶

么就那么好呢？除强大的管控系统外，肯德基的营销可谓遍地开花，长年累月电台、电视、软文、互联网，海陆空交叉轰炸，促销活动花样翻新，它能成为餐饮业世界五百强，你有意见吗？

更多的老板对餐饮营销表现出的是茫然，与我有关系吗？我炒好菜、服务好，大不了接个订餐电话或者设个接待员也就行了吧？在大禾走访的近千个酒店，有营销意识的不多，善于用营销方法的更是凤毛麟角！

难道我们从世界五百强的肯德基身上还没悟到吗？

大禾前身是以做广告和明星活动为主的公司。2007 年转型进军婚庆业，自身具备的营销意识成为新行业的杀手锏。当年大禾营销思路清晰，方法超前，与同行的家庭作坊模式完全不同。先后重金买断三年百度推广山西区第一排名，在山西文艺广播开办《家有喜了》栏目，连续五届独家主办山西婚礼主持人大赛，参与著名影星杨幂、刘凯威主演的电影《hold 住爱》，与希望工程联合推出爱心接力活动，并捐建了婚庆业第一所爱心小学等等。令人眼花缭乱、目不暇接，同行看得目瞪口呆。婚庆公司原来可以这样发展。

三年时间，大禾已经在区域称霸，五年时间引领了行业，被誉为中国婚庆航母，除了作品的优秀、团队的厉害，大禾成功的秘密恐怕与营销密不可分。营销为

◀ 大禾精心打造公司对外形象

王在婚庆业得以验证。至今，大禾还保留着太原电视台《幸福时刻》《加油宝贝》两档栏目的制作权。它适用于宴会吗？答案显而易见，可偏偏有人不信，较真，我们餐饮业有行业特殊性，有地域性……反正就是不行。典型为失败找借口的思维模式。

营销的前提一定是有好的产品。大禾把婚庆当作商品包装销售，这在当年令所有婚庆人匪夷所思。连婚礼都能当产品卖，何况宴会比婚礼看上去更像商品，卖它没有商量！

2009年鼓动朋友投资开了第一家主题婚礼酒店，为了保证能赚钱，大禾公司抽调精兵强将，靠着一张施工装修图，四处游走，遍访新人，新生事物本身就不确定，加上还没装修完毕，推广难度可想而知，怎样打消新人订餐顾虑呢？他们也渴望在与效果图一样的场所举办婚礼，更多的疑虑是怕将来建好后和图纸设计的不一样。找到了痛点，针对问题寻求解决方案，鉴赏会应运而生。

在装修快结束之际，组织犹豫不决的新人进行一次实地参观，以便让他们放心选择。活动一经推出，新人奔走相告，纷纷报名。鉴赏会当天签单44件，一个没有任何知名度、可信度、美誉度的三无企业就这样在开业之际已经成功签单，为今后的火爆奠定了基础，开创了大禾宴会预售模式。

营销手段第一次在宴会企业实施就

著名艺人谢娜为公司题字留言▶

央视名嘴撒贝宁为公司题字留言▶

取得了成功。张和也更加确信成功企业的营销是相通的。之后把在婚庆业的所有方法一一实践，全部大获全胜。与《山西晚报》合作《冬日恋歌》栏目，五个整版的婚礼发布轰动一时；与太原电视台合作《完美婚礼》真人秀以及婚礼主持人大赛等，精彩不断。其中也不乏利用名人效应增加影响力，见缝插针地采访到谢娜、黄安、潘美辰、谭维维、撒贝宁等明星为酒店录制宣传片，这些都为酒店的推广、营销打下了坚实基础。

那么“大禾模式”到底有哪些刀刀

◀2009年，大禾办公场所的会销设施

见血的营销策略?

众所周知，婚庆也有种展示叫婚礼秀，全国的婚庆公司都以在酒店举办一次婚礼秀为荣。费尽心机地准备了几个月，现场人满为患，看似火爆，秀完人散，各回各家。婚庆人兴奋地收拾着残局，仍沉浸在发布的虚幻中。每发布一次都像做一次梦，自己非常满意，仿佛万事大吉。至于订不订单不重要，因为酒香不怕巷子深，在他们心里同样适用，好婚礼不怕没人做!

婚礼秀已经是营销范畴了，只营而没有销，没有销售结果的营又有何用？一切营销活动都是为了订单，这是大禾明确的目的。目的性越强，结果可能越理想。

大禾的婚礼秀从2008年开始就作为重要营销手段，延续至今，与保险业、保健业、化妆业的会议营销（以下简称会销）不谋而合，成为大禾在婚庆业的创举。当然顺便带入宴会业也屡试不爽。在大多数酒店靠饭菜赢得市场的时候，大禾已经用会销模式签单赚钱快速占领市场。在2008年、2009年、2012年几次搬迁的办公地装修时，大家会发现在公司显著位置都设有灯光舞台设施，很多人至今以为是为新人彩排准备的。其实，大禾这一设计就是为了随时随地举办会销!

会销关键并不是发布了什么或吃了什么饭菜，主要是场的打造。随着全国加盟计划的实施，越来越多的宴会酒店在大

2012年，大禾办公场所的会销设施▶

浙江紫微餐饮集团管理层向大禾鞠躬致谢▶

禾的指导下开始尝试会销模式，至今全部取得了成功，甚至完全出乎他们的预料。例如，大同瑞世佳典主题酒店，引入“大禾模式”后，第一次会销，乐观预测现场签单超不过10件，结果造场成功，一举签单89件！

浙江紫微酒店管理集团，2016年12月6~7日，两天两场会销，总计签单300件。按每件均值6万元计算，两天两场会销预计收入1800万元！董事长吴健平先生率全体高管向大禾公司鞠躬致谢，并再三感叹：“大禾真的是一家伟大的公司，他们就是火炬，点燃了我们员工的激情，创造了奇迹”。

至今保持大禾会销记录的是内蒙古弘源大酒店，2017年3月26日，一天签

▲大禾辅导内蒙古某企业会销，至深夜仍在签单

▲ 2017年11月 宴霸开门红仪式在张家港国贸大酒店举行

单444件，微信照片记载了当天疯狂的一幕。

大禾会销的足迹遍布大江南北，从南京凯旋大酒店到重庆的喜悦酒店，从内蒙古弘源大酒店到山东菏泽尚尧酒店，从浙江紫微酒店到河南郑州久久缘，无一不用业绩书写着传奇。

其中最为意想不到的是2017年2月26日在湖北黄石多瑙河大酒店的会销。从准备到发布仅两天时间，至25日才开始发传单宣传，所有人都绝望地认为大禾会销的滑铁卢到了。

然而，25日大禾公司王艳芳总经理率队亲临现场。连夜和酒店的许总调整战术，重新制定营销策略。26日一早统一思想，密授策略，多瑙河大酒店的销售人员立刻像打了鸡血，开始了一次疯狂之旅。从开会到下午会销结束，最终签单108件。许总认为大禾不仅是神话，更是创造神话的公司。

大禾加盟企业一起启动“开门红”活动▶

每年大禾都会根据业绩和市场调查结果，制定不同的营销策略，确保最终的成功。

战争中讲究闲时练兵。宴会业淡旺季比较明显，谁也没本事保证天天有结婚的、有过满月酒的，即使有也保证不了都来你家。淡季接会议是方法之一，但大禾在淡季发动攻势浩大的战术已成常态。比如，年底、年初的“开门红”抢单活动，为了让老员工焕发活力，新员工发现潜力，推出的变形记，遇到更优秀的自己，让每个员工都发现了自身内在的若干潜能。

当我们把自己手头和近期的客户都签订了，但广大市场还有更多的单，于是有了“七月围城”活动。一座城的客户散发无限商机，冲出去，一切皆有可能！

大禾的营销绝对不是停在订餐、赠酒、赠杯子、赠手机这个层面，完全是战术的运用，谋略的展现。张和智造，王艳芳智造，都是用智慧指点江山，用文化传承经典。

2016年11月28~30日，总经理王艳芳在连续三天

第八部、相信的力量

开门红，我最

第八部、相信的力量

▲ 2017年年会暨2016年度颁奖典礼现场

战略课后，向来自全国的加盟企业宣布启动“2017开门红”活动，旨在抢夺2017年上半年宴会订单！

军令一下，现场一片沸腾，来自各大酒店的员工纷纷走上舞台，表决心、誓壮志，展开了声势浩大的PK赛。这也是中国餐饮业有史以来全国范围的一次大营销活动。大禾每个动作都惊天地泣鬼神！

领完任务，各自返程，开始了为期一个月的签单活动。各酒店每签订一单都要及时报送总部，并发布在微信群，彼此鼓励、彼此促进。微信群成了各加盟酒店的管理手段。大禾工作人员负责每晚把签单战绩整理排名发到群里，参赛单位随时随地可以看到自己酒店和对手酒店的情况，从而及时调整作战计划，一切俨然在战场作战。

数据每天更新，排名在经历了起起伏伏的半个月后

▲隆重的颁奖典礼

开始趋于稳定，最终，浙江永康紫微酒店以签单 693 件的骄人成绩取得冠军，江苏泰州会宾楼以 627 件屈居亚军，江西仰天福 510 件获得季军。

2017 年 1 月 17 日在太原举办了隆重的颁奖典礼。来自各酒店的员工和领导身穿晚礼服，精神抖擞地走上大禾的领奖台，表达着由衷的谢意和骄傲。

一个“开门红”，一个月时间，签单数量居然可以达到别人一年甚至几年的总和。

## 第四节 营销团队

有了好的策略，没有优秀的人和团队去执行，结果一样为零，两者相辅相成。

大禾把广告业的营销思维带入婚庆业、宴会业，更

◀ 大禾营销团队接受军事化训练

◀ 每一次活动，都如同一次战役

把销售团队完全复制。婚庆业人员基本构成：老板、策划师、执行人员；宴会业：老板、财务、前厅、后厨，而大禾在原有基础上增加了一个销售部门，而且销售部门是重中之重。所有政策都会向销售倾斜，因为除了销售部门，其他部门都是花钱的部门，唯有销售部是往回赚钱，理应看重。换言之，婚庆、宴会产业从诞生的那一刻起就是先天残疾，少了销售部门的建制，就如同少了一条腿，怎么奔跑？

本应顺理成章的改变，在婚庆业和宴会业却积重难返。有人甚至认为大禾是异教邪说，大有除之后快的心理。大禾离开婚庆业的原因之一也是怒其不争，更多

◀ 大禾精心打造公司对外形象

的婚庆人依然坚信好酒与巷子的古训。莫非是在巷子里喝多了太难清醒吗?

销售任务最终落脚到销售团队。

其实非常简单，大禾的销售团队建设，就是点燃梦想、确认目标、跟进机制、团结协作。之所以有许多酒店销售团队形同虚设，没有狼性，完全可以归为上述16字箴言的错失。

一个没有梦想的员工，如同行尸走肉。当一天和尚撞一天钟，活着就是为了等死。二十岁干着退休后该干的事。帮员工找到梦想，确立目标，他就有了动力，有了动力，加上方法、措施就变成能力。在机制激励下，在同事帮助下，最终达成

目标，完成了一个循环。不断地完成一个比一个高的目标，自然就会蜕变成一个更加优秀的员工。

例如，一个新来的员工，分析后帮他制定一个小目标，第一年可以制定赚到5万元目标，首先分析用什么方法和渠道能保证赚到5万元。比如，除去底薪3万元，可不可以再学点舞美灯光技术，每次操作可以赚到30元，一年300场可以赚9000元，还有1.1万元怎么实现呢？你可以下班后走访一下街坊、邻居，看看有没有要结婚或者办满月的，如果有，请介绍过来。一个月介绍一个，到年底奖你1.1万元不是问题，这样下来是不是就实现了5万元目标，而且很具体，越具体越容易实现。每个人都制定出目标，第二年再提高，他每年都能实现目标，他还会走吗？

▲ 大禾员工可以同时操作三项以上设备

大禾军团不屈不挠的精神体现▶

十年大禾，功勋“禾苗”▶

分解目标，让员工真实可信地触摸到梦想。分解的过程，就是找方法、找渠道的过程。于是，大禾形成了一人多岗，多劳多得的局面。例如，一个普通的驻店销售人员，除了销售底薪，还可以通过谈宴会、婚庆订单得到提成。在宴会当天还可以通过灯光、音响、道具的操作赚到补助。一切都是你想不想，而不是公司给不给。在大禾，最普通的员工都有至少两项技能，最多的可以身兼数职，而且不分男女，个个身手不凡。一场婚礼经常只有一人操作，这种不可思议的现象在大禾就是家常便饭。把一个人的潜能发挥到了极致！

在实现目标过程中，一定要设置一些团队协作完成的工作，或起码与团队挂

◀ 有目标感的大禾人各个精神抖擞

钩。互相帮助绝不可能没有前提，免费一次可以，多次可能吗？所以，有机制的团结互助才能蔚然成风。

很多老板几年十几年一个店，为什么不扩张？没有人才是最多的答复，其实学会复制一切变得简单。最简单的方法莫过于一帮一，一带一，限定时间，帮带完成，考核通过，复制成功。掌握这个方法，迅速复制扩张成为可能。

团队成员越来越多，形成大的团队，大禾婚庆最多的时候销售人员一度上百人，这么大的队伍就要换方法了。因为不可能再一一关注每个人的梦想目标了。管理大的队伍有管理大的队伍的方法，造场成为关键。一个场就是一个环境。人是环境的产物，到了国外自然不敢随地吐痰，

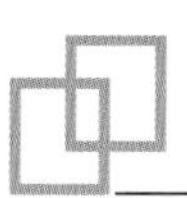

综合·婚庆

打造“大禾之魂”工程启动

◀ 媒体记载了大禾转型时期的团队建设情况

到了国内别说是吐痰了，大小便都司空见惯，不足为奇。什么样的环境造就什么样的人。环境的塑造主要是企业文化理念系统的注入，让每个人都有统一的认知，对于格格不入者，要么改变，要么走人。几轮淘汰后，场的打造基本完成。

众所周知，2015 年 11 月大禾做出与合作伙伴分开的决定。为了稳定军心，保证所有酒店员工不会因为变动而掉队，公司开展了为期一个月的“坚定立场、紧跟公司”的活动。每个“禾苗”通过理念的背诵、队伍的展示、正能量的宣导，深深体会到大禾平台的重要，立场的重要性大过了能力和品行。在竞争对手加薪、升职等巨大诱惑面前，大禾 30 多名精英最终全部归队，没有一个流失！

有梦想的一批人在一个价值观相同的场内，坚定着立场，实现着梦想，塑造着人生，如果再让一切加速，五年赚五十年的钱，就需要引入 PK 造星机制了。

所谓 PK 造星，就是树立榜样、争先恐后。时间久了，团队成员都会产生惰性或疲惫。要时时造星，处处 PK，让竞争成为销售人员骨子里的特质，到最终所有人都不在为自己而战，而是为团队荣誉而战的时候，企业就实现了自我运转。

▲ 大禾 2015、2016 年度颁奖晚会

大禾每年的颁奖盛典舞台是所有“禾苗”们梦开始的地方，也是大禾造梦、造场、造星最佳场所。完全不同于其他企业的年终颁奖形式。无关痛痒的表彰、乱哄哄的自制节目、胡吃海喝的现场，也仅是一次全体聚餐而已。大禾的年终颁奖盛典，首先对场地要求很高，在太原顶级酒店国贸、星河湾都举办过，最高规格的一次是在电视台演播室，从档次上彰显了公司的品质。其次，

▲ 大禾三位销售冠军高静、王晓婷、李园园，业绩撑起半边天

每次晚会的策划定位完全放在展现员工风采，树立楷模明星的角度，那是大禾最高荣誉的舞台，谁愿意错过一次在电视上展现自己的机会呢？用员工的话说这是光宗耀祖的事，必须争！穿上定制的礼服，在众人的掌声里，在聚光灯、摄像机的环绕下走向荣誉的殿堂，接受最华彩的奖杯成为每个“禾苗”的追求。

让荣誉变为团队的生产力！

# 第三章 “大禾模式”走向全国

◀西式宴会摆台

# 第一节 你怎么了？

你怎么了？面对同样的问题，一百个人有一百种答案。对于餐饮企业，尤其是主营宴会或社会餐饮的，回答都耐人寻味。为了掌握更多的数据，张和亲自走访探问了许多酒店，答案比较集中，归结为：业绩下滑、政策不好、竞争太惨烈等等，再追问就避而不答或顾左右而言他，很少能精准表述问题所在 。问及对手如何时，

严格的大禾内部考试 ▶

更是一问三不知。

商场如战场，做生意就像打仗，胜为王败为寇，这是生死问题不能含糊。你的业绩下滑、订单减少，不是结婚的人越来越少，而是去你竞争对手的酒店了。你知道吗？当所有订单都流向对手的时候，你离结束就不远了，试问那个时候有同行可怜你或挽救你吗？打仗自古讲究知己知彼才能百战不殆。商场是无硝烟的较量，表面上看是饭菜的比拼，其实是老板的思维和能力的角力。现代许多餐饮老板一心只炒自家菜，丝毫不问门外事，完全的入世，又何必强求自己出世？既然出世那就按出世的规矩办！

不了解对手情有可原，连自己思维出了什么问题都不清楚，实不应该。

经过走访，张和收集了大量企业的样本，据此整理出目前社会餐饮转型宴会酒店时的几大症状：

**营销意识淡薄**

前文已经用大量笔墨描述了这一点表现出来的现象：新人上门爱答不理，有人咨询一脸不耐烦，草草搪塞；不能准确、细致地介绍酒店优势及项目；客人订与不订，订多订少都无动于衷；客人来去自由，匆匆而来，匆匆而走，挥挥衣袖，不带走一片传单，没留下一个电话；没有营销部门，更没有专职销售人员。

**有了营销意识却没有团队和策略**

▲低调是张和的个性

许多老板有驾驭弱者的能力，骂个服务员，打个厨师，基本上处于武力管控层次，在他意识里营销人员是社会精英阶层。意识中没有营销概念，如今让管理一批这样的人更束手无策，这也反映了目前中国餐饮业从业

人员素质相对不高的现状。愿意去肯德基当服务员的大学生都趋之若鹜，而我们的中餐呢？如果人才这一关打不开，想有所建树，堪比登天，退一万步，有了人才，营销手段，策略能跟上吗。许多餐饮、酒店所谓营销还停留在打折、送券层面，怎么做强做大？

**看到婚庆市场这块诱人的蛋糕却无从下口**

形成各地形式多样的合作模式：1. 由外来婚庆公司承办，每年上交固定费用或利润分成；2. 收购婚庆公司，组建酒店自己新的婚庆部；3. 由婚庆公司投资设备分成合作；4. 婚庆公司只要交入场费就随意进入；5. 指定几家合作。

那么多酒店老板之所以一直没有行动，原因无外乎：1. 婚庆看上去操作太麻烦；2. 婚庆被罩上艺术的光环，餐饮人自觉不够这么“高大上”；3. 不会培养专业人才，管理难；4. 方法不得当，模式不先进，赚不到什么钱。综上所述，许多餐饮业老板观望有没有一种简单、轻松、赚钱的模式出现。

▲大禾十大实践导师

▲大禾三部迎西店

**老板格局决定企业的发展**

这一点虽然不是普遍现象，也有极大代表性。怕员工挣钱，更怕员工挣大钱。冠冕堂皇的理由是：给的多了怕走了！至少目前接触的企业就不断有这种抱怨。前不久我们加盟企业启动了一次活动。活动结束，战绩辉煌。一个老板突发私信给王艳芳总经理，说如果按承诺发提成，一个员工一个月赚一万多，太多了，帮我想个办法减下来。两人对话：“他创造的业绩比以往多了吗”“多了”“多了多少”“翻几倍吧”“也就是他给你创造了近百万元的利润，你连一万都不舍得给？你让我怎么说，如果真说，劝你开除了这个能干的员工不是

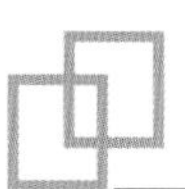



更省钱嘛！”

赚钱、省钱都容易，许多老板过不了分钱的坎。这道坎或许就是大老板与小老板的分水岭吧！

如果把从事宴会按层级划分，你依然可以找到自己现在对应的位置：第一，发现宴会市场，急迫进入这个产业，面临改、扩、建问题；第二，已经尝到了宴会的甜头，想把婚庆也收入囊中，想让自己更专业；第三，装修也不错，团队也不错，用王艳芳总经理的话说：外表辉煌，内心彷徨，竞争压力时时来袭，只有找到了自己企业目前所处的阶段，然后对症下药，才能药到病除！

大禾就像是一所医院，治疗各种宴会酒店病症的专业机构。张和老中医只看场地创意和设计，院长王艳芳大夫主治董事长战略综合征，王莉娟大夫主治团队疲懒症，王晓婷大夫主治销售无力症，还有何亚珍率领医疗小分队走进田间地头送医上门，专治业绩下滑症，当然邢韫韬、金莉等专家也都一号难求，医师力量堪比各大著名医院。

这个场造得有点大了。再次声明，大禾不包治百病，我们不懂餐饮，我们只专注主题酒店的创意营销。鹰潭忆江南大酒店周总说大禾填补了餐饮业一项空白，这是有划时代意义的，是极具开创性的！

这个评价真的很高，高到又将引发一波波的批判、抵制、不屑甚至攻击、诽谤、谩骂。这样的待遇，大禾已经在广告业、婚庆业领教过了。任何成功都要付出代价！接下来预言主题酒店的创意模式、营销会销模式、加盟培训模式又要被复制风传了。

如今的主题酒店市场加盟和培训蜂拥而至，真假难辨，是个人都是创始人，是个人就能包治百病，是个人都敢吹，吹出来的唾沫都能淹死自己好几回，看来培训加盟市场和医疗市场一样乱，随便一个阿猫阿狗从大禾直接或间接学了点皮毛就敢走上讲台，开始加盟培训。

▲ 大禾原创专利道具，UFO 展示

## 第二节 “大禾模式”能给你带来什么？

知道了大禾是谁？你是谁？你处在宴会发展的哪个阶段？接下来就要看大禾能不能对症下药了。

第一，大禾能为你创意策划不同风格的大厅。这是个创意时代。创意的难就难在把没有的东西创造出来，把原本有缺陷的大厅通过创意进行弥补，然后让设计师设计，往往创意师的一个点、一个思维就能绽放出无限

王艳芳总经理现场指导▶

张和亲临每个工地进行实地考察▶

的可能与光彩。台湾商人陈先生与张和一见如故，他说在大陆遍访南北，终于找到了一个酒店业创意大师，他说太难得了。

根据张和实践累积的经验及近二十年的策划设计功力，勉强担得起创意师的头衔。客户的需求千变万化，地域、风格、风俗、习惯、人文都要考虑，一个好的创意融入了太多的东西，从爱琴海走船到绿野仙踪的秋千，从六米多的大喜字到九万朵樱花，从盏盏红灯到伊甸花园，无不匠心独具、用心良苦，你除了模仿外，不想拥有一个独一无二的创意大厅吗？交给大禾来完成。

第二，大禾可以在短期内完成从选

人到组建团队，再到植入机制全方位激活营销团队的工作，让他们如狼似虎地杀向市场。

第三，宴会专用舞美设备的设计、输出、安装也极具大禾特色，所有产品都是为了卖，怎么设计、怎么安装都暗藏玄机，在完成基础舞美效果的基础上给老板或投资者赚取最大利益，你同意吗？你遇到过中国第二家连舞美设备都参与营销的企业吗？大禾舞美绝不像灯光、音响厂家一样没命的推荐、大量的安装，却不懂怎么教你卖，更别提卖个好价钱了。相信大禾盈利宗旨“小投入、大产出”更适应市场发展。

▲大禾管理层研讨施工图纸

大禾中式场景 ▶

第四，婚礼作品一直是大禾杀手锏。十年坚守、十年经典、部部原创、场场感人！随便拿出一部都在当地绝无仅有，分分钟实现产品的差异化。有了差异化产品，还怕价格战吗？而且大禾作品同样体现了操作简单、执行标准化的优势，让婚庆赚钱更容易。

第五，上门指导。包括看场地、看结构、看装修、看风格、看团队。最值得一提的是上门会销，大禾原班人马从天而降，当地城市的新人们立刻奔走相告，争先恐后，蜂拥而至，谈着、看着、说着，就交了钱签了合同。几个小时、一个月、甚至半年的订单收入囊中，把营销玩得眼花缭乱，让人看得目瞪口呆。

第六，大禾开设有营销课、团队建设课、战略课、主持课、花使课、舞美灯光课、作品课等，无所不包，只要你想学，这里都能满足，十年毕业都不会嫌弃你。

# 第三节 宴霸计划席卷华夏

大禾在婚庆业缔造的神话远未结束，强势推出餐饮业“100 宴霸”，在全国范围选取产值 2000 万元以上宴会企业加盟，三年计划，只用一年零五个月 100 家企业就集结完毕。速度本身就在餐饮业创造了传奇！之后宴谋、宴遇、宴道、宴天下等纷纷跟风登场。

2009 年诞生的主题酒店模式，经过 3 年的打磨已经成熟，具备了复制的条件，让“张和智造”走出山西，在更广阔的市场生根发芽。2012 年，第六届婚庆产业高峰论坛暨聚首龙城大禾有约活动成功举办，传播效果显著，本应水到渠成的全国扩张之路，却因合作层意见分歧，暂且停止。

▲霸宴计划纷纷登场

▲大禾推广部的员工

2014 年 3 月，大禾自营的第一个主题酒店"爱渡"诞生。有了自己的试验田，秋季推出了加盟行动 WHW 项目，即影楼、酒店、婚庆实现共赢，最终因团队不成熟而搁置。

市场的需求就是财富的宝藏！有多少地方至今还没有主题酒店概念，有多少餐企渴望全新的模式改变命运？如果说 2012 年错过了一次千载难逢的时机，一直自责蹉跎了时光，那么未来该怎么做是 2015 年摆在大禾面前的战略抉择。2015 年 7 月，张和在北京开讲"主题婚礼酒店全揭秘"，2015 年 12 月，张和在上海开始了推广，第一次站在了全国级的讲台，第一次完完全全把大禾呈现在了餐饮界，引起了轰动。

2016 年 1 月 1 日，大禾正式宣布启动全国主题宴会酒店加盟计划，命名“100 宴霸”。三年内在全国寻求100 家宴会酒店加盟企业，植入“大禾模式”，迅速成为宴会霸主！

优秀的大禾人四海为家▶

万事开头难。初期队伍的建设、人员的配备、经验的不足造成连续两个月没有任何进展的尴尬。项目不好的论调又死灰复燃，人心涣散，这个项目又到了解体的边缘。

4 月下旬，经过研讨，大禾对一些部门进行了果断的调整，很快发生了好转！在接下来的五个月时间里，培训部的员工冒酷暑顶严寒，在异地他乡走街串巷，找寻每一个潜在的合作对象。七夕情人节他们顾不上休息，圣诞节顾不上狂欢，元旦还是在河南信阳德龙太子酒店现场度过的。他们平均每天拜访 20 家企业，被拒绝、被辱骂、被驱赶都丝毫没有挡住他们的决心，把大禾最先进的理念传播到全国各地，帮助需要帮助的企业是他们唯一的信念。

水土不服、语言障碍、交通不便……这些平常看似简单的问题，在异地他乡，在陌生偏僻的地方，在一个人孤独奋战的路上，都显得那么棘手、复杂。培训部的“禾苗”们没有胆怯和逃逸，他们用坚毅的脚步丈量着祖国每一寸土地，用青春书写着华美的人生篇章。

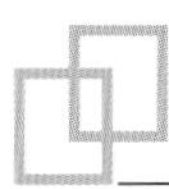

22:59
2017-05-11 星期四 十堰
13:57
2017-03-01 星期三 淮安
22:57
2017-03-02 星期四 淮安盱眙

▲大禾推广部的员工奔波在大江南北

半年时间一举拿下近五十家加盟企业。原计划三年的工作，半年时间已经完成近一半。

宴霸计划，顾名思义培养宴会霸主，让一个个餐企通过植入“大禾模式”快速成长壮大，用三年时间建立一个全国宴会的大平台，加盟的速度已经印证了大家的判断。

▲部分加盟企业展示

到目前为止，加盟企业已遍及大江南北，除港、澳、台及偏远地区外，有些地区甚至出现你争我抢的局面，毕竟“大禾模式”的吸引力十分强大。

早期加盟的酒店目前已经装修完毕并开始营业，换句话说已经尝到了“大禾模式”的甜头。刚加盟的跃跃欲试，紧紧跟随。每一堂课，每一个策略都稳扎稳打，形成了联动的势态。他们有来自一线城市的重庆、南京的老牌餐企，也有来自偏远山城县镇的小店，还有跨行打劫的投资人，他们都被“大禾模式”深深地吸引，借助“大禾模式”在当地再创佳绩！

截至发稿，已有91家加盟企业，名单如下：

江苏盐城“世博”酒店
南京“凯旋假日”酒店
晋城“湖滨花园”酒店
宁夏固原“聚德全”
河南郑州“久久缘”
大同“瑞世佳典”
浙江兰溪“满江红”
安徽蚌埠“喜元”酒店
安徽阜阳“天上人间”
大同左云“龙盛”酒店
湖北武汉“雅和睿景”
江苏扬州“锦润”国际
浙江永康“紫微”酒店
湖南永州祁阳“故乡缘”
重庆市“喜悦”饭店
江西新余“仰天”餐饮
浙江台州“兴隆”餐饮
江西省抚州东乡“新海”
新疆哈密“喜事汇”
贵阳“仟纳”饮食文化

江苏泰州“会宾楼”
山东章丘“骄龙”餐饮
山东淄博“又一村”
河南信阳“德龙太子”
河南驻马店“建苑”
湖北十堰“誉满城”
安徽宜城市“大富豪”
山东省“尚尧”酒店
山西交城“旭荣”
江西鹰潭市“忆江南”
湖北天门市“天和”
济南历下区“泉水芙蓉”
江苏盐城“老地方”
湖北荆门“天鹅湖”酒店
鄂尔多斯“弘源”餐饮
山东“黑尚莓”
安徽明光“喜乐缘”酒店
内蒙古赤峰“鲜惠德”酒楼
江西上饶“龙潭湖”宾馆
江苏盐城响水“心连心”

河北衡水“凯悦”大酒店
河北河间市“燕京”酒店
江苏太仓市“陆渡”宾馆
石河子“嘉华婚爱珠宝”
湖北京山“毓秀盛宴”
湖北黄石“多瑙河”
福建仙游“名宴”
安徽灵璧“忆江南”
湖南衡阳“陆府”
呼和浩特“锦江”
湖北武汉“九龙”
江西丰城花园食府
福建泉州鲤城大酒店
江西樟树德来得餐饮喜结缘
湖北宜昌聚翁
湖北圣薇拉酒店
重庆醉昌州
湖北鄂州东香国际
山东禹城金穗
山东醉美滕州

▲ 张和为加盟商授牌

江西安福吉安泸水河
江西九江海之星
江苏张家港国贸
浙江衢州常山柚乡大院
浙江新诸暨人家
浙江平阳凌志大酒店
浙江瑞安状元楼
浙江东阳嘉华大酒店
江西潘阳喜临门大酒店
湖南益阳刘鸣贵宾楼
江西宁都忆境江南大酒店

江苏镇江东方大酒店
运城蜀香饭店
江西赣州宁都忆境江南花园酒店
福建莆田老蒲鲜文化餐饮
浙江武义明招大酒店
湖北黄梅人家
江苏泗洪嘉禾宴酒店
湖南邵阳新贵都
浙江湖州长兴县维多利亚
浙江杭州万新餐饮

江西修水国际大酒店
安徽铜陵和悦轩大酒店
广西百色北部湾海鲜
安徽芜湖金宝大酒店
山东冠县鑫瑞大酒店
浙江龙游金峰国贸酒店
安徽池州尧城迎宾馆
江苏常州金坛天成餐饮
江苏连云港庄臣餐饮集团
河南郑州皇宫大酒店

◀大禾七支团队分赴全国，势如“七剑下天山”

▼大禾军团在迪拜启动“品牌狂飙·巨星来袭，千城万户品牌战略计划”

记者采访张和的时候，曾经评价到婚庆业因为张和的思想而发展提前了 5~6 年，事实上从婚庆到宴会的发展态势再次证明了张和的预见。那么这就意味着许多地方还有 5~6 年的机会，5~6 年还能让多少企业因"大禾模式"而受益？

宴霸计划 100 家企业加盟已提前在 2017 年完成，剩下几年大禾又将怎样排兵布阵？

2017 年 7 月 15 日，大禾集团在迪拜正式启动"品牌狂飙·巨星来袭，大禾千城万户品牌战略计划"。

"战略合作十大酒店"项目启动，省会城市或飞机、动车直达城市有意向合作或投资主题酒店的，由我们团队亲自打造，更多精彩让未来见证！

# 第四章 “大禾模式”启示录

# 第一节 一家媒体破纪录的采访

## 从传说到传奇，再到传承的心灵震撼

■ 2017 年 5 月 4 日 刘 玲

如果十年之前，你从未听说过大禾，那一点儿也不奇怪，因为，那个时候的大禾，刚刚起步，在自己所设定的目标步骤中成长着；如果现在，你依然还是不熟知大禾的名字，那也可以理解，毕竟你不曾在大禾所生长的时空里，与她相遇过；如果，将来的某一天，你还是没有听说过大禾，那我一定会告诉你，你 OUT 了。因为，大禾，一定会以许多种你我所不曾了解的方式，存在于我们点点滴滴的生活中。因为，在她的血液中，有一种力量——缔造传奇！

▲ 大禾婚礼发布现场和主题婚礼作品《桃花红杏花白》剧照

从2012年到2016年，每周固定有一天，《三晋都市报》上都会有一篇大禾的独家专访。最终呈现在读者眼前的是，200余篇共50多万字图文并茂的大禾精彩故事。别说是在山西当地，即使综观全国，甚至国际，无论是报道持续时长、篇幅数量，还是采访内容，都开创了新闻报道之先河。近五年时间从未间断地跟访，像是有一种神奇的力量在内心驱使，让我无法停止对大禾团队、大禾灵魂——张和本人的关注，就像是掘金者突然发现的旷世宝藏般，越深入，才会越发现她的迷人之处。数年的积累，我所获得的不仅仅是停驻于笔端和散发着油墨香味儿的报纸上一排排美妙的文字，那多达数十万

字的主题采访实录，还有经历了岁月的磨砺之后，在我们的眼里、心中，日渐丰满起来的一个睿智豁达、昂然正气、锐意进取、永不言败却又不失幽默风趣、欢乐温馨的大禾家族形象。

## 初识大禾

在美国，中小企业平均寿命不到7年，大企业平均寿命不足40年。而中国，中小企业的平均寿命仅2.5年，集团企业的平均寿命仅7~8年。美国每年倒闭的企业约10万家，而中国有100万家，是美国的10倍。不仅企业的生命周期短，能做强做大的企业更是寥寥无几。

——美国《财富》杂志

▲ 别具一格的大禾主题婚纱秀

▲骨子里有点任性的张和

昙花一现，似乎是中国民企的通病，一时的光芒四射，成就不了永远的辉煌。在中国、在山西、在太原，同样有无数曾经的辉煌企业，湮没在了滚滚的岁月长河中。但有一个名叫大禾的婚庆公司，从成立伊始，就有那么一股子的执拗。在大多数人的传统观念中，婚庆更多的是以夫妻店、家庭式作坊，顶多也就是工作室形式存在的一种“小打小闹”。但就有这么个人，这么家公司，要把婚庆做成企业，还要做大做强。

张和骨子里其实还是有那么一点任性的。2007 年，从做得风生水起的广告策划公司，毅然转行到婚庆行业的大禾公司，没有丝毫的留恋和不舍。毕竟，不是所有的老板对摆在眼前的既得利益能够做得到坦然放弃。但即使是如此的决心和信念，大禾的入行并没有引起业内人士太多的关注。毕竟进门容易，真正能留得下、活得好，那是要看真本事的。婚礼，承载了中国五千年传统文化，是对于爱情、对于组建幸福美满家庭的开端，它不是依靠奢华、唯美布景，或是仅凭着一些有着美好寓意的婚礼道具，就能实现的“举案齐眉”“比翼双飞”。真正的仪式能够赢得人心，赢得市场，一定是在每一位在场者内心深处，保留下来的永久回忆。“让婚礼拥有灵魂”。大禾人如此言谈，更是如此行动——一场好的婚礼，必定是新人及其双方家庭心灵中对于爱的升华，能够给现场来宾传递爱、感染爱的美好过程。大禾品牌从此深得人心，而真正让大禾成就传奇之举的，是“大禾模式”在全国的高速推广。

业内人士普遍认为，婚庆公司更像是一个“组装”工厂，无论是从主持人、灯光、舞美，再到仪式所用的各类道具……都会因为一场婚礼的“使命”，组建一个临时的合作体。其品质、效果可想而知。当市场中，大禾用自己专属的主持天团、专职的舞美人员、专业的销售天团，打造出一个又一个业内奇迹的时候，行业为之震惊了——从 2007 年到 2012 年，大禾完全是按照自己预定的目标和预想的模式，在自己的一片天空下砥砺前行。

## 再识张和

如果一个企业，可以保持着持续长久的发展动力，那么，它一定会有核心人物。初闻大禾，也许会让你震惊、惊叹，也许会让你心存疑惑，但是，认识张和——大禾的灯塔、领路人、灵魂……你一定会释然，也一定会坚定地相信，大禾传奇实属必然。

张和很低调。无论在他的手中，缔造出了怎样的传奇故事，从他的脸上，你永远看到的是波澜不惊。当人们还在为一

◀ 远离喧嚣，淡泊致远

秒钟前刚刚突破的骄人成绩欢呼雀跃，激情满怀的时候，张和一定是已经远离了这份激动人心，开始了下一个目标的设定。他说：“只有时刻保持思维的警觉性和前瞻性，才有为企业创造更多、更好发展空间的机会。”从一个资深的策划专家、专业的主持精英走到幕后，成为操控全盘的“棋手”，张和说，当初做决定的时候，虽然有不舍，但更多的是决绝。“如果你只能承担和员工一样的职责，即使再好的棋子，你都不可能具备统领全局的高度谋略，更不用说带领企业铸造辉煌。”当大禾开始全面进入“张和智造”的时代，困难和磨砺对于大禾人来说都是为自己的成

静谧的古寺能带给张和内心的安宁▶

功标注印记的里程碑。而“张和智造”也成为了无可替代的品牌效应，成就了大禾，成就了企业家张和。

毋庸置疑，张和是睿智的。在大禾发展初期的七八年时光里，他像是为婚庆而生的人，可以洞察到每一个细微的变化，进而成就大禾，甚至成为整个行业的发展契机。而我，恰好成为了大禾传奇的见证者。一路走来，看到了大禾的成长、发展，看到了她从传说到传奇的裂变，也惊叹地发现，在大禾快速成长的最初五六年间，她的发展速度，足以抵得上同行三倍。

张和，也是豁达的。在 2012 年，他第一次踏上齐鲁大地，在孔子的故乡传授

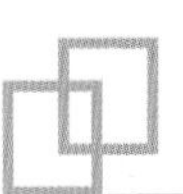


“大禾模式”的时候，他说，感觉自己更像是个渡者，心怀大爱，让更多的人受益“大禾模式”，受益于企业的规模化运作和发展。面对一拨又一拨来到大禾学习调研的同行，张和还有他的大禾团队，一如既往地敞开胸怀，毫无保留地将自己多年来总结出的经验和盘托出。当被问及，如此的开诚布公，难道不是在给自己培养竞争者吗？张和笑答：“让整个行业强大起来，才是发展的王道。平台愈高，你才会收获更多意想不到的惊喜。”无论古今中外，能够称得上企业家的人，必定具备了一定的基本素质，包括有卓越的眼光，超凡的胆量。最为关键的，是他一定要具备超强的社会责任感。

张和说，他是幸运的。因为文艺是他从小的兴趣。能够把兴趣做成事业，这也许就是张和的成功之道。一则貌似寓言的故事，像是张和自己的故事：我是谁？从诞生在小河沟的那一天这就是个问题？河里的鱼都耻笑我，我游向了湖泊，这里的鱼依然鄙视我，我游向江泽，这里的鱼还是嘲讽我，我游向了大海。在这里我发现了和我一样的生物，我问他们，我究竟是什么？他们说，我是鲸鱼。只有大海才是适合他的天地。

## 定格“大禾印象”

随着市场竞争形态的日益转变，行业与行业间相互渗透、融通，已经很难界定一个企业或者一个品牌的“属性”。跨界代表一种体验式的生活态度和营销方式的融合，已经成为许多企业紧跟国际潮流与市场趋势、适应竞争格局的必经之路。

一次正确的跨界，胜过十年销售。

——摘自《跨界营销》

无论是大禾在2007年的转行，还是2012年，决定走向全国市场，还是在大禾事业发展的鼎盛时期，宣布跨行转型发展，张和在宣布每一次战略性决定的时候，似乎都显得那么突然。但他似乎总可以有

与梦想
大禾印象宴会酒店
IMPRESSION
HOTEL
中国宴会领军品牌

▲ 大禾第二家自营主题宴会酒店

◀ 大禾以情景剧的形式展现企业文化

先知先觉的能力，在现实中突围。当数月或是数年之后，你才会惊觉，原来他当初的抉择是大势所趋。一如“大禾模式”带给我们的启示，即使在大禾成熟运作五六年之后，在全行业范围内，它仍然具备了无可比拟的优越性。

大禾运用自己近十年的实战经验，在全国范围内开启了近似疯狂的“扩张”——仅仅用了1/3的时间，就完成了将近80%的任务。这都源于“大禾印象”为宴会餐饮业带来的是一场翻天覆地的模式变革——建立自己的营销团队，打造专属的主题酒店，推广定制型婚礼。

▲ 大禾高管审验作品

打破传统宴会酒店的经营枷锁，用最科学、经济的硬件投入，实现最大化的收益。张和定义的“大禾印象”，是一个新型的婚礼结合体，是基于大禾婚礼文化的一个高端产物。“大禾印象”惊艳亮相之后，引来的是全国爆炸式的反响。在宴会餐饮业界，对于“张和智造”的不可思议，渐渐变成了持之以恒的信任与跟随。张和断言：“‘大禾印象’与其说是一种全新的婚礼宴会模式，倒不如说她给新人带来的是一场全新的婚礼体验。”这种以精神满足感为最高执行标准的体验，势必会成为引领宴会餐饮业的风向标。

如果我们再次将“大禾印象”在全国产生的魔力效应用理性的数字加以概念化表述，我认为，它又是一个至少可以领先整个行业5~6年发展水平的模式化进程。

业内有专家明确表示，“大禾印象”的出现，是张和宴会餐饮观点成熟化的标志。其宴会品牌的全国普及程度，势必会带来宴会餐饮业的一次重大变革。据保守估计，所有“大禾印象”的品牌餐饮企业，在科学、规范运用“大禾模式”经营之下，产值翻番，甚至3~5倍增长，都是有科学依据的。一个地地道道的晋字品牌，只经历了一年的发展期，就可以取得如此成绩，相信新晋商风采又可以在全国婚庆范围内掀起新一轮高潮。

▲ 张和宣讲“大禾模式”

◀ 张和在全国各地进行“大禾模式”推广

至德者不和于俗，成大功者不谋于众。也许在很多人的眼中，张和就是那么的与众不同，但也正是因为这点不同，创造了大禾的一个个奇迹。在多年的跟访过程中，我曾不止一次地思考过同样的问题：为何一个被普遍认为没有太大前景的企业，能够在张和的运筹之中，决胜于全行业之巅？虽然到现在我的答案依然不甚明晰，但是，有一点我可以确认的是，在张和的经营之道中，有一种责任会凌驾于一切的经营理念之上，那就是对于一个民族的传承之责。文化如此，做企业亦然。

从 2012 年开始，张和像是永远都不知疲倦的永动仪，在祖国的大江南北，为无数的、像他一样有着梦想的企业家们“指点江山”。从刚开始的惊奇，到后来的习以为常，我似乎也习惯了张和的工作节奏。虽然我知道如此大的工作强度，对于一个健康的人来，都是不小的挑战，更何况是对于一个有着顽疾、视力仅仅只有 0.01，而且没有视觉色彩的人。如果有机会，你来到山西太原，来到大禾，在一个叫作幸福港湾的地方，你一定会在人群中很容易地发现张和的影子。因为——怀揣光明，就一定会散发阳光的温暖。

# 第二节 媒体采访集锦

## 婚庆产业三国时代来临，幸福港湾·大禾婚礼张和预言：谁将成为“三足鼎立”的终结者

■ 2015 年 3 月 26 日 《三晋都市报》

**A. 2009 年，当全国上下的婚庆公司一派繁花似锦时，张和预言：婚庆酒店势必流行！婚庆公司近年消亡！**

2011 年，当婚庆业界对来自一个全国二线城市的婚庆公司所造就的传奇故事质疑声大过赞叹声时，张和预言：“大禾模式”将直接或间接影响中国婚庆发展的走向！

事实证明，自 2009 年金伯爵婚礼主题酒店在龙城诞生的那一刻起，太原也就成为了全国婚礼主题酒店的发源地和竞相观摩、取经的榜样。之后的两三年，婚礼主题酒店如雨后春笋般在全国批量涌现。自 2012 年“大禾模式”开始走向全国，并作为各地婚协力荐的婚庆公司运营模式在全国推广开来，至今全国已经有数百家的婚庆公司是完全按照“大禾模式”的运营方式，突破自身的发展瓶颈，走向更高的发展平台。

进入 2015 年，当全国的婚庆人依然在日益动荡的市场中寻找着突围的方向，中国山西幸福港湾·大禾文化产业集团在

舵手张和的带领下，开始了自己的筑梦工程。而且，当整个业界还只是把竞争的目光限制在自身行业的领域之时,张和断言：未来几年,婚庆业界将进入婚庆三国时期，即婚庆公司、影楼、婚礼主题酒店开始为了保持或扩张自己的市场份额，进行生死存亡的征战！婚庆与婚庆的竞争、影楼与影楼的竞争、酒店与酒店的竞争将成为历史，同行业界都将放弃内斗，而将全部的精力转入更加残酷、无情的三者终极拼杀。

“我的预测，你来见证！”张和如是说。

## B. “终结者”的力量

有人说，张和是注定为婚庆而生的。所以，他也拥有了上天给予他这个婚庆奇才的无限宠爱。在短短的四五年时间里，就从一个入门级的“小字辈”，做到了全国闻名。但是，近两三年，张和似乎不怎么“热爱”婚庆了。因为他一直在跨界的行业里穿梭，而且做得风生水起。是张和要转行了吗？“转行一说，肯定是子虚乌有。到目前为止，婚庆服务依然是幸福港湾最基本和最重要的业务构成。只不过近年来，我们会在科学管理上下工夫，在多元化发展上做文章，也许，以后大家所看到的幸福港湾，除了婚庆这一项基本功能外，还有许多可以让人们生活更美好的特殊功能呢！”张和很爽朗地笑笑，转而很认真地说道：“也正是在这两年的跨界领域中获得的灵感,我越来越清晰地意识到，目前在婚庆产业链上的婚庆公司、婚纱影楼和婚礼主题酒店，这三个看似有一定联系，实则是这条幸福产业链上并不会永久并存下去的三个点，迟早有一天，会出现‘三国纷争，一统天下’的局面。而谁将是这个一统天下的胜利者，则要看谁能够把握住接下来5~6年间的发展机遇，实现婚庆产业的终极变革。”

▲ 突破和超越自我是张和面临的问题

### C. 预言的真实性

2015 年，当太原春的气息还未洋溢的时候，张和对于婚庆界的预言，着实让业内人士再一次紧张起来。张和说：“现在婚庆产业链上的各个营销范畴，看似大家的目标客户群体是一致的，都是在做着新人的生意，但是因为大家所提供的服务存在一定的差异性，这些行业之间似乎根本不存在竞争。你也许忽略了一个至关重要的问题。就是，如果在某一个行业中，某一家公司发展到足够强大之时，那么它接下来要进行的扩

展营销应该是在自身产业链中，选择和自己原本从事的行当最为接近和熟悉的领域，开始自己的领地扩张。也就是说，现在看似不相干的婚庆公司、婚纱影楼和婚礼主题酒店，实则竞争气息愈来愈浓烈。目前国内就已经有大型的婚庆公司拥有了自己的婚礼主题酒店，接下来，将整个产业链中的各个环节一一囊括，实现真正意义上的婚礼一条龙服务，这也不会是很久远的事情。”

▲ 集结团队力量

张和介绍说：“依靠于我们的日韩国家婚礼体系，

目前就是以婚礼会馆的形式存在。婚礼会馆提供所有与婚礼相关的服务。再过 5~10 年，具有我们民族特色风格的婚礼产业，会以一种怎样的形式存在？也许我们是无法预测的。但可以肯定的是，目前的婚庆公司、婚纱影楼和婚礼主题酒店，都有同等的竞争条件和资格，大家是在同样的起跑线上去实现自身架构的完善和飞速发展。谁能够按照大型企业的运作模式，使自己的羽翼日渐丰满，那么，谁就会在未来的市场竞争中，拥有掌控市场的绝对话语权。”

相安并存的时代即将画上句号，是脱颖而出？还是消失在历史的舞台上？在“三国纷争”时代，尚能分得一杯羹的碎片式营销方式，注定会被日渐强大的多元化、规模化的经济体取而代之。这是经济发展的大势所趋。想成为未来市场中的宠儿，那就从现在开始，从改变自己的思维模式开始。“大禾会用更加严格和高效的管理及营销模式，让‘大禾号’在市场大潮中，乘风破浪，奋力前行。大禾愿意与所有相信大禾、支持大禾的力量一起为大禾传奇注入更加精彩的注解。”张和这样说道。

# 婚庆文化产业园悄然走热
# 婚庆大产业，更需冷处理

■ 2015年5月21日 《三晋都市报》

在人们平素的印象中，婚庆，一直以来就是以小规模经营业态分散在城市的大街小巷中，经营着各自的“甜蜜”事业。当时间列车走过2014年，全国多地婚庆业界的一系列大动作似乎在挑战着人们对于传统婚庆的固有印象。2014年中国婚庆行业发展趋势报告显示，在上海、广州等沿海城市出现的婚礼会馆、婚礼创意园区和婚礼服务基地等新兴的婚礼专业服务业态将会向内地城市扩散，成为一个新的投资热点。中国山西幸福港湾·大禾文化产业集团董事长张和分析，婚庆在中国经过了近三十年的发展，作为一种新兴产业，已经引起了越来越多关联产业的重视。进入2014年以后，各地不乏房地产商联合各地婚庆协会及公司，兴建各种形式的婚庆产业园，如上海综合婚庆园、苏州（中国）婚纱城、成都南湖婚庆基地、昆明婚庆主题公园、绿地喜洋洋婚庆文化旅游产业城等。随着现代生活的日益多样化，人们的婚庆观念也在悄然发生着改变。大禾婚礼打造的、通过婚礼给予新人及其整个家族精神层面上的享受和满足感已得到了消费者的高度认同。可以说，婚礼文化的需求，已逐渐成为大众婚礼消费的热点。但是，如雨后春笋般一拥而上的婚庆产业园现象，无论是婚庆人，抑或是资本投资，不妨先进行一下冷处理，切莫盲目追求“高大上”。

随着单纯婚庆市场的日渐萧条，转

▲大禾军团所向披靡

型已成为婚庆人青睐的热词之一。以大婚庆、大产业为发展目标的文化产业园区，确实给了婚庆人一个美好的未来憧憬。是简单的商铺叠加概念，还是文化引领的规模化发展？对于新业态的产生，婚庆人究竟应该是热捧还是如张和所言，需要冷处理？记者走访张和，一探热点问题的冷处理方法。

### 行业之发展热势力

对于婚庆界来说，无论需要面对的是怎样冷酷的市场现状，今年的婚庆行业，还是让人充满了无限期许——2017年初，李克强总理在两会记者招待会上，举例婚庆

公司创业现象；国家旅游总局局长李金早首次将婚恋、婚庆等纳入旅游新六要素；大连婚企在上海成功挂牌上市……婚庆产业的发展，已经逐步开始由一个封闭的行业性质、区域经济，上升到产业化融合的平台上。加之婚庆特有的延续性，更多的相关产业对婚庆领域，投注了越来越多的关注目光。婚庆文化产业园区和婚庆城的兴起，大有将婚庆行业发展推向崭新层面的强劲势头。

张和介绍说："如果预想成功发展的婚庆产业园、婚庆城等一站式综合性服务机构，肯定会在一定时间内刺激婚庆业的进一步发展和扩大。这是因为在中国，婚嫁自古就是大事，不管是个人还是长辈，最注重婚嫁的事宜。其中各种习俗以及礼仪，可以说是一个人人生中

▲ 大禾筹划第一家主题酒店开业纪念

最珍贵的时刻之一。随着经济水平的提高和发展，人们自然越来越重视婚礼的举办。而且，中国传统文化的精髓，尤其是各地方地域文化的体现形式，在很大层面上，都会在婚礼礼仪方面得以彰显。我国特有的婚庆文化，已经成为中国传统文化的一种独特符号，享有广泛的影响力。有着前景光明的市场预期，婚庆文化产业园区自然成了投资转型的目标所在。”

据记者了解，文化产业园区的兴起，与国家政策方面的利好消息也不无关联。自2009年以来，各地政府就一直扶持文化产业园的建设。早在2009年，就已把文化产业列入各地的振兴规划中；2012年十八大明确提出：“文化产业成为国民经济支柱性产业……”如果能够抓住机遇，成为国家文化产业战略布局的支点和载体，则预示着下一步发展机会的成倍增长。而且，集中的婚庆产业园区同样还顺应了部分消费者一条龙服务的方便和简捷性。行业之热，吸引到的不仅仅只是业内人士的目光。

## 自身之提升硬功夫

其实，从广义范畴理解，经济市场中，婚庆行业应该属于资源最为完整丰富的领域。因为只要人类生生不息，就没有一个家庭离得开婚庆服务。随着国家多元化文化、经济实力的增强，婚庆文化产业甚至可以成为提速城市文化与精神文明建设的重要环节。张和告诉记者：“婚庆文化产业园区的出现，其实已不算是新闻了。在各地出现最普遍的婚庆产业园，大多是房地产商介入的一种模式，只是近两三年的建立和运作，全国未出现一个完全成型、成熟发展的、真正属于婚庆文化发展的舞台。”

从目前婚庆业的发展角度观察，婚庆只能以“小产业”自居。对于动辄投资过亿元的文化园区建设，则意味着“以小产业搏大市场”的风险性。“试想，一个

◀ 大禾婚纱秀

对公司运作都缺乏经验的普遍行业现状，又怎能担当得起大产业、大发展、大业态的重任呢？”张和说：“所以，面对发展契机首要采取的第一步措施，不是一窝蜂地盲目跟风，而是应该从完善自身产业素质做起。截至目前，婚庆业尚没有一个全国性的大品牌出现，充其量也只是一个地方性的、区域性名牌。如果缺乏世界级、国家级的品牌引领市场，那么所谓的文化园区的市场竞争力和可持续发展力，自然可想而知了。”

机遇总是留给有准备的人。对于市场发展的新契机，有着良好的发展和实力的公司，自然会以全新的姿态抓住机遇。“对于发展成熟的婚企，自然也不会排斥其他资本的注入。一向以婚庆航母著称的大禾婚礼，已经在管理和营销层面上拥有了一整套的成功模式，如果面临着全新资本运作的机会，需要的只是将成功的公司运作模式，向资本运作规模提升，而且，我们也会在新的合作模式中，以自身的独特优势找准自己的位置所在。”

“面对发展的激情迸发，是身处市场中值得嘉奖的勇气；而面对潮流热浪，保持冷静的头脑和分析能力，则更加难能可贵。”张和如是说。

# 中国山西幸福港湾·大禾文化产业集团张和阐释
## ——餐饮业转型发展的新财富通道

■ 2015 年 8 月 13 日 《三晋都市报》

### 转型是必然之选

张和分析认为，中国经济的发展已明确显现增长放缓的态势，餐饮业成为受经济大环境影响比较明显的行业之一。也可以这么说，一个城市餐饮业的兴衰，也是当地经济发展最为直观的晴雨表。近两年来，全国的中高档酒店普遍出现发展瓶颈，环境是客观因素，最为关键的，还是经营者经营观念的主观滞后。任何一个企业都不可能一成不变地永续经营，随着时代的发展，转型是发展的必由之路。联想柳传志，虽年逾古稀，但深谙此道。他曾说过，如果你一天没有转型升级的意识，那你随时存在被这个社会淘汰的危险。

在全国巡讲的演讲中，张和宴会型酒店（酒楼）转型发展的话题，为与会者打开的是宴会型酒店（酒楼）全新的财富通道。虽然经济环境整体不容乐观，但宴会市场的蓬勃发展和刚性消费需求却同时存在。所以抓住和抓好宴会市场势在必行。宴会型酒店（酒楼）的营销队伍建设、婚礼队伍建设、主题性元素建设等是转型发展的必修课。

### 转型的两种境界

有了转型的意识，经营者往往也存在两种不同的转型风格。张和说道：“循

序渐进和大刀阔斧，是目前酒店业转型的两大阵营。既然客观遇冷，并且短时间内没有消融的希望，那么无论是主动抑或被动，转型已经是不二之选。是从一个角度尝试着改变？还是彻底转变思想和经营模式？反映出的是一个经营者对于发展转型切实的把控能力。”

受市场环境影响，太原出现的转型酒店不在少数，海外海餐饮已明确转型以婚宴为主；百姓渔村也从常规的餐饮模式，转为宴会型酒店，而且通过一系列的有力转型措施，目前酒店经营况状颇为乐观。“虽然太原的婚礼主题酒店已颇具规模，但目前我们本地市场的婚礼酒店仍处于未完全饱和状态，所以说，转型婚宴（宴会）型酒店是酒店业的一次不可多得的新机遇。机会把握得

▲ 大禾理念深入人心

▲大禾中式作品《西厢》

好，那么发展必然会别有洞天。”张和说道。

当上帝为你关上一扇门的同时，他也会为你打开一扇窗。机遇来临的时候，你是选择放弃还是接受，是决定成功与否的“灵机一动”。针对蜂拥而上的酒店转型潮，张和建议酒店转型婚宴主打。首先必须明确的是，婚礼酒店不是简单的“婚礼＋酒店”，婚礼是酒店的精准定位，只有婚礼有特色，才能称之为名副其实的婚礼酒店。

目前太原市已有五成以上的品质酒店，与大禾达成良好的战略合作关系，大禾一贯尊崇的高品质婚礼服务功不可没。

# 张和——行进在转型路上的思考者

■2015年8月20日 《三晋都市报》

在中国的婚庆行业中，张和以及由他缔造的中国山西幸福港湾·大禾文化产业集团，是个被业内人士奉若传奇的“神秘国度”。从2007年开始涉足新行业，只用了短短5年的时间，就一跃成为全国婚庆市场中的佼佼者，以傲人的战绩和团队风貌，引国内一线婚庆人瞩目。在大禾成长壮大的路途上，除了有持续出现在我们眼前的一个个让所有人为之唏嘘的“不可思议”之外，质疑和排斥声也从未间断，但是，没有任何理由可以影响张和飞速行走的脚步。从2012年开始的三年间，张和与大禾婚庆业界领航者的身份备受关注。不过，“钟情”于他的“粉丝”发现，张和婚庆人的身份正悄然发生着改变。

从7月开始，主题婚礼酒店权威张和与中国管理专家胡涛先生在北京、郑州两地就餐饮企业转型升级、婚礼宴会酒店的发展谈经论道。记者获悉，就在不久前，经过前期慎重而全面地了解，张和答应成为山西大同一家大型宴会酒店的特约顾问。

## 企业的思维能力

在张和的思维中，永远都没有一成不变。张和说：“世界上不存在传统守旧的企业，只有不肯改变守旧思想的人。如果一个企业要转型求变，首先应该转变的就是企业家、领导者的思维模式。任何一个企业都不可能存在永续的发展趋势，之所以能够在一定的时间和地域空间里，成就行业的领航地位，必定是因为它拥有一位卓越的领导者，具备超乎常规的洞察力、

▲思考者张和

敏感性和执行力。”“摒弃传统，打破常规，不断改变，是企业家应当具备的基本素质。”2007年，是大禾婚庆的发展元年。在当时的婚庆人眼中，大禾完全是在用一种“外行人的思维”行事，知名电视主持人、策划师出身的张和，将电视人的独特视角，嫁接到了婚礼仪式的创新和发挥方面，无论是三位一体的设计效果，还是晚会灯光、音响、舞美的特殊语言，都给了新人前所未有的婚礼新感觉。继而到婚礼思想、婚礼文化的传播，再到公司化架构的完善运作，企业经营模式的形成和传播。7年时间，大禾在成就自身的同时，也奠定了其业界发展的旗舰地位。张和说：“一如人类的思维方式，每一个企业也是在用自己的思维表达，向社会传递着自己的声音。企业的思维能力决定了它的发展高度。”在婚庆人仍以作品论高低的时候，张和已逐渐淡出了婚庆人的视野，开始了新的探索。2009 年，张和开始给婚庆酒店的管理者们专场授课。在这个新生业态的发生、发展过程中，大禾已经拥有了相当成熟和全面的实战经验。从主题婚礼酒店出现至现在，虽然只有短短的五六年时间，但是随着单一经营婚庆公司逐渐退出历史舞台，加上宴会酒店的大规模转型，主题婚礼酒店已如雨后春笋般在全国各地出现。无论是婚庆公司还是宴会酒店的转型升级，如何精准把握这次市场的新机遇和新挑战，是当下人们关注的核心内容。

### 张和的思维定式

从 2012 年全国婚庆人高峰论坛在太原举办的那一刻开始，张和以及大禾的名字已经注定了要在全国广泛传播。一年时间里，随着张和北上南下的步伐，张和理论、“大禾模式”，已成为全国数百家婚庆公司发展的新选择。“从 2012 年到现在，来到大禾学习的和大禾专家团走出去传授经验的企业，已经从单纯的婚庆公司范围涵盖到婚庆、婚纱影楼、婚礼酒店等多种经营形式。”张和介绍说，“因为大禾传递给大家的，不是一种简单的技能提升方式，而是教会大家如何做到管理和运用市场，如何在瞬息万变的市场中练就敏锐的眼光以及营销企业品牌和文化的能力。”

所有和张和接触过的人，都有着相同样强烈的感觉——他是一个常态发展环境中的智者。无论是作为电视主持人、策划、管理，还是作为婚庆人操盘婚庆公司发展、壮大，都形成了一整套科学、有效的管理经营模式，进而到现在的推动婚礼酒店升级。张和总是在人们刚刚开始惊叹于他的成功之时，转而选择了更新、更高的挑战。“其实，每一个企业的经营者都有着相似的成长过程，他们必须经历从个人技能完善到管理能力的养成。”张和说，“技能的提升，让你有了在行业立足的基础能力，想要在行业内拥有话语权，第一

众志成城 团结一心▶

要务就是管理、完善自身的团队，也就是俗话说的，能管好人，实现从自我完善到管理能力完善的转变。”

也许对于大多数人来说，职业标签一辈子只有一个。但对于张和而言，永远都没有固定。广告人、婚庆人，还有酒店人，十年间，张和的身份在循序渐进地改变着。“其实我只是在不停地挑战着管理的高度，无论今天的我被贴上了怎样的标签，抑或是明天这个称谓又会发生怎样的改变，不变的是我的思维方式和行动准则。三年前，我到郑州给婚庆人讲婚庆公司运营，但至今当地没有一家依靠“大禾模式”转型成功的婚庆企业。现在，我又到郑州，是给餐饮业老总讲转型升级，来自各地的餐饮大咖欢聚一堂，达成共识，成立河南酒店大禾联盟。前来听课的都是身家千万元甚至上亿元的餐饮老板们，他们认真听课的态度、谦虚的表现，让我真正领略到什么才是企业家的风采，能为他们讲课也是我的荣幸。相比较给婚庆人讲课时的感受，才会更深刻地理解行业发展中人的重要性。”张和如是说。

# 承接婚宴≠婚礼酒店
# “大禾模式”带来餐饮财富新变革

■2015年12月17日　《三晋都市报》

婚姻是人类生活中的一件大事。婚礼，则当之无愧地成为大事件中的“重点工程”。曾几何时，我们的祖辈或是父辈们，在婚礼中的一些温馨画面，也许是让整个家族幸福传承永久的话题。随着个性化婚礼需求的提升，现在的大街小巷，不乏婚礼主题酒店的身影。在奢华装修和现代声光电的气氛烘托下，婚礼仪式也成为新人及其家族展示自我的舞台。于是，越来越多的人关注起婚礼仪式，越来越多的商家看到了其中的商机。不可否认，当传统婚庆行业正在经历着“寒冬”考验的时候，刚刚成为转型焦点的婚礼主题酒店的经营也差强人意。

能够举办婚礼、承接婚宴的酒店就可以命名为婚礼酒店？完全是照搬、模仿的外形结构，就是主题宴会大厅？中国山西幸福港湾·大禾文化产业集团董事长张和指出：“婚礼主题酒店无论外观如何的恢弘大气,能够真正符合主题婚礼特征的，关键还要看它的软件配置。”

## 喜庆产业：三个业态、三种风格

“喜庆产业在我国的发展现状，应该只是接近而立之年的年轻态势。”张和分析说，“虽然只有短短的二三十年时光，但这个新兴的产业已经形成了其固有的三足鼎立的状态。也就是说，婚庆、婚纱摄影和婚礼酒店，在这个产业链中有着一定联系，但又基本属于各自为政的状态，分割着喜庆产业这块大蛋糕。可以说，随着

▲大禾高管团队活力四射

行业的整体发展，虽然在一定时期内，这三种业态存在此消彼长的暂时性发展差异，但基本上大家都能在大产业中分得一杯羹，并且也能获得可观的利润。但随着市场及消费理念的日渐成熟，喜庆产业中三国鼎立的局面，即将面临着一场存亡大战。”

2013 年，张和预言的传统婚庆模式消亡，在喜庆市场一步步被证实。全国的婚庆公司中不乏转行、转型的先行者。其中，婚礼主题酒店模式因其完善的功能和广阔的发展空间，成为婚庆公司转型、引资的香饽饽。“行业的发展，永远都是在满足消费需求的前提下，获得了

▲大禾团队协作力打造

永续动力。”张和告诉记者，“为了更好地为消费者提供一站式服务，2008年，由我独创的婚庆+宴会思维模式正式出炉。2009年，由此概念打造的全国第一家婚礼主题酒店在太原诞生。此后的3~5年，来自山东、陕西、河南、内蒙古等周边省区的业内同行到太原取经者不少，婚礼主题酒店开始在全国悄然开花。”

张和推出的婚礼主题酒店，开创了喜庆产业中的一种全新模式，加上当时在东北地区盛行的“大戏台”模式，还有江浙地区流行的“婚礼园”模式，形成了当时中国喜庆产业中最为流行的三种风格。因为婚庆+宴会的婚礼主题酒店模式更接近北方的婚俗习惯，也最接地气，因此，在北方地区广为盛行。

## 婚礼主题：软件才是发展精髓

像城堡一样的酒店外形，风格迥异的宴会大厅，各式新颖、独特的婚礼道具，营造出浪漫、温馨、唯美的各式婚礼风格……张和介绍说：“2010年前后，全国各地的婚庆公司纷纷来到太原参观、学习婚礼主题酒店的运营，之后，尤其是在北方的各大城市中，各类的婚礼主题酒店如雨后春笋般，遍地开花。但就算是将太原本地酒店的外观及室内装修风格原封照搬，两三年之后，各地的婚礼主题酒店还是遇到了发展瓶颈，停滞不前，甚至步履维艰。究其原因，是因为缺乏企业发展的灵魂——企业运营模式的植入和深化。”

2015年12月，上海，张和带去的“大禾模式”全新理念，引发一轮餐饮行业大咖的思想变革。以一种全新的、超乎行业传统模式的颠覆性理念，为这个行业吹来了一股清新之风，也让各家餐饮大佬们如获至宝、茅塞顿开。“2008年诞生的婚礼主题酒店模式，历经七八年积淀，以管理和销售著称的‘大禾模式’，总结、积累的是近百家企业发展过程中的精髓，大禾把握了适用于全新发展趋势的餐饮企业运营的脉络，我们为企业家带去的不是简单的模仿和抄袭，而是基于思维的创新和改变。”张和接着说道，“完全依照‘大禾模式’运营成功的酒店，已经在当地成为行业翘楚，大同、郑州两家转型成功的婚礼主题酒店，被当地人称为‘太原模式’，赢得了业内称赞。就是因为‘大禾模式’有着与常规宴会酒店运营模式不同的销售、管理模式以及精英执行团队。”

2月28~30日，山西太原，又将因为大禾这个名字，吸引来一大批餐饮行业中的佼佼者，全国餐饮行业高峰会即将在龙

城太原启动。“这也是大禾 2016 年致力于打造婚礼主题酒店模式的培训工程，将大禾培训作为软件植入，促进餐饮企业成功转型、发展。大禾作为全国唯一一家能够提供婚礼主题酒店运营模式培训的机构，将在喜庆产业的另一个全新领域中上演传奇。”对于峰会的预期效果，张和坚定地认为，要让餐饮人现实与梦想距离，不再遥远，或许近在咫尺。

▲ 大禾十年庆典现场

# 2016，婚礼主题酒店将为餐饮业带来什么？

■ 2016 年 1 月 28 日 《三晋都市报》

民以食为天。任何一个国家传统的饮食文化，一定是与其他文化共存发展、同铸辉煌的。而且，每个地区也都有着与众不同的饮食习惯和味觉倾向，形成了中国博大精深的地域餐饮特色。随着世界经济的高度融合，饮食的地域特征变得不再那么明显，在一定的时间、空间里，也许你可以尽享世界的珍稀特色美食。各类餐饮集合体，却似乎愈来愈难以满足消费者的要求。餐饮老板们一边感慨着世人对于饮食品牌的“不忠诚”，一边在政策和市场的双重压力下变得步履维艰。

进入 2016 年，中国的餐饮业界似乎有一场风暴在孕育。2015 年年末，中国山西幸福港湾 · 大禾文化产业集团董事长张和在京沪等一线城市，面对餐饮大咖们的首度发声，全国近百名餐饮企业领导紧随张和脚步来到龙城，大禾，这个在餐饮业初来乍到的新名牌，含金量日益提升。

## 转变，才能拥抱春天

随着人们生活水平的日益提高，逢年过节，抑或是家有喜事，甚至仅仅是有朋而来，人们在时刻“创造”着各种聚餐的机会。因此，在中国“民以食为天”，说得一点都不夸张。由此可想而知，中国餐饮业的发展，应该有着优质而广泛的基础和市场前景。但是，从 2012 年开始，甚至是从更早的时间，餐饮业的经营者们似乎感到了一丝市场中的不安。张和告诉记者：“在喜庆产业链中，在婚庆、婚礼酒店、婚纱摄影各自为政的‘三国割据’中，无论是规模还是团队，历来就是餐饮占据了相对优势的发展。但是，随着中央八项规定的实施，一向“高大上”的餐饮行业，尤其是星级酒店，遭遇了前所未有的寒潮袭击。在寒冬蛰伏的大酒店，一方面积极寻求着转型的方向，一方面期盼着政策的‘解禁’”。与太原各领军餐饮企业进行深度交流之后，张和坦言：“经过了真正寒冬的大牌餐饮企业，从进入2016年之后，已经有了相对明确的发展思路，那就是放下身段和面子，开始认真考虑做老百姓身边的‘高端享受、平民价格’。”曾几何时，在期待人们消费方式改变的同时，餐饮经营者还是对于高端消费有着些许的幻想。“不过，经过两

▼大禾高管年轻化

三年的市场磨砺，餐饮老板们似乎猛然间觉醒了，与其等待重回之前的繁花似锦，不如从自身开始转变。”张和分析，“就像是互联网改变了人们的消费方式一样，曾经市场中如火如荼的实体店经济，不可能再让消费者回到五年前、十年前的模式，餐饮行业亦然，当人们的消费观念已经发生了翻天覆地的变化，如果你还是在原地抱着旧的经营理念，昔日的辉煌绝难再现。只有从思维方式上转变，才能让企业走出寒冬，迎接春天的到来。”

## 印象，以“大禾”之名

在全国的地级市范围内，挑选两千万以上产值的餐饮企业进行联盟合作，打造首批“大禾印象”婚礼主题酒店百家联盟阵势，是大禾2016年的开篇巨作。张和告诉记者：“‘大禾印象’是公司注册的一个酒店管理品牌。这个联盟行动开始仅仅一个月的时间，就已经正式签署了20余家大合作单位，按照目前的速度发展，我们相信，在半年左右的时间，就可以提前完成2016年的目标，达到百家联盟。”

对于为什么会选择产值在两千万以上的企业，张和开诚布公说：“产值虽然不是决定企业发展最重要的因素，但是规模能反映出的是经营实力。如果一个餐饮企业具备了两千万产值的规模，它肯定拥有了相对成熟的团队。而大禾输出的正是团队建设模式，两者合作一定能够在市场中产生最大化的裂变效应。”

在与全国各地的餐饮经营者交流的过程中，张和深有感触。在近两三年整个市场寒冬时期，经营、转型均不得法的企业老板，一直梦寐以求一种可以让企业重生的力量，但从未对市场和客户做过细分。“之前已经有近半数转型为婚宴酒店。如何让婚宴酒店为企业的发展助力，还要有深层的经营思路。”张和分析，“谁也不敢说，哪一条路就一定是必胜的阳关大道。

但是2016年，婚礼主题酒店一定是解决餐饮行业困顿的一个选择，一种可能。大禾在自身发展的高峰时期陡然转型，这种带有自杀式重生的信心和勇气，让她在餐饮行业中一出道就锋芒毕露。不是因为她的资产有多雄厚，或者她的背景怎样特殊，是因为在过去的七八年时间，她积累了丰富的市场运作技能，有着让数以百计的企业辉煌登顶的发展经验。”

可以设想，当百家“大禾印象”联盟酒店在全国范围内独树一帜的时候，以简单的数字化分析，百家产值两千万以上的酒店联盟，也就是一个拥有着20亿以上规模的集团化企业在市场中整齐划一的经营行动。那么，张和带领着他的“大禾印象”品牌，将成为从晋商故里走出去的一股新生力量，为新晋商增添更多的时代寓意。

# 幸福港湾产业集团“100宴霸计划”开班
## ——大禾开启“新民宴主义”时代

■ 2016年3月10日 《三晋都市报》

转型，对于有着发展梦想和长远规划的企业，应该是经久不变的永恒话题。张和总结大禾成功的秘诀，最重要的一点，就是大禾一直走在转型的路上，持之以恒。“转型，不是单纯指形式上选择的经营模式，而是从思维高度的企业发展规划。”张和坦言，“如果一个企业缺乏引领发展的思想精髓，即使给了你建造高楼大厦的

参加“100霸宴计划”的企业家们游览五台山风光▶

参加“100霸宴计划”的企业家们参观乔家大院▶

资源，你也无法筑起理想中的丰功伟业。”而“大禾模式”，正是能给予企业发展的思维推手。

初春的太原街头，陡然上升的气温，让每一个人都能轻易感受到春意盎然。也让有幸进入到幸福港湾的全国餐饮大咖们，最真实地感受到了大禾的温度。

## 宴霸计划激情启动

3月3日，为期三天的独家定制课程，在幸福港湾教室里如期启动。来自重庆、浙江、河南、江苏等地的餐饮大咖齐聚大禾，为共同的事业学习、提升。2016年大禾的发展计划是，在全国构建100家联盟餐饮单位，由此按部就班地实施进行。首批联盟学员的培训现场欢声雷动，火爆非凡。大禾总经理王艳芳给全国餐饮老板带来的2016企业规划100宴霸项目课程，为学员开启了独具魅力的大禾之旅。

围绕主题婚礼酒店的发展模式，关注餐饮行业的转型升级，宴霸计划就婚礼酒店如何运作做了详尽的阐释。思路决定出路，新思维、新高度、新战略、新时代，“100宴霸计划”为有眼光、有胆识、有战略格局的餐饮大咖们带来一次完全颠覆性的思维改变。有学员形象地将这次的培训比作“一场期待已久的思维盛宴”。中国宴会酒店转型第一导师、中国主题婚礼酒店创始人、幸福港湾董事长张和为全国各地餐饮人送来的“新民宴主义”，真正让宴会型酒店的经营者们看到了春天的迹象。

## 大禾课程价值几何

现代的经济社会，一定是强者的天下，大禾启动的全国计划自然也是强者的联盟。大禾全国联盟的成员，皆为各地市场中的行业翘楚，他们不仅自身出类拔萃，而且在所属的地域中有举足轻重的地位。但只有来到幸福港湾的那一刻，他们才第一次接触到了酒店营销概念。

众所周知，富丽堂皇的星级酒店素来是占有社会优势资源的宠儿。曾几何时，它们就像是不愁嫁的皇帝的女儿，根本不用考虑营销策略。可是，当昔日的优势不复存在，曾经的富丽堂皇甚至成为今日的不堪重负，当市场红利逐渐消失，营销则是能够让你在市场中占有话语权的唯一利器。

当大禾带来的创造性思维让人脑洞大开的时候，当“大禾模式”的普遍适用性成就了不计其数的企业时，“大禾模式”已经在全国市场成为引领销售行业的金字招牌。前来参加培训的餐饮老板们发出异口同声的赞叹：“太厉害了！”大禾总经理王艳芳的一堂课，让现场的餐饮企业产值直接提升30%~50%，这一堂课价值百万以上。张和在幸福港湾2016的开年会议上宣布，今年是大禾第四个三年计划的开端，其自营主题婚礼酒店品牌“大禾印象”即将开启全速发力模式，以其超前的思维和对市场的经验把控，再次创造行业神话。

2016大禾的关键词之一，是“走出去，拿回来”。走出去，就是大禾要持续深入在全国的扩张计划，为“大禾印象”成为全国性知名品牌夯实基础。拿回来，则是要把各地的精英带回大禾，让大禾的营销魅力持续发酵。有人说，大禾是神话，是传奇。但张和坚信，能够成就传奇的，无外乎是你比别人付出了更多的努力、承载了更多的压力。大禾传奇亦然。因为它有着6年、几十家成功企业的实践经验，以及300人专职团队的齐心协力，你眼中的传奇，只不过是大禾人自己曾经或是正在经历的励志故事。

# 大禾格局：心无界 泊天下

■2016年6月16日 《三晋都市报》

不知从何时开始，“格局”这个字面释义简单无比的词语，被无限放大地用到了当代生活，尤其是经济领域中。在无数的心灵鸡汤故事背后，你会发现，格局，看似通俗易懂，做起来却有着天壤之别。对于未来的期许不同是最为重要的个体差异，是一个人的眼光、胸襟、胆识等包括心理要素在内的布局大智慧。

十余年前出现在龙城的婚庆公司，根本谈不上产业发展。曾经有家婚庆公司的老板戏言：“婚庆公司无论做到多么优秀,老板都不可能开得起宝马。”十几年后，总舵手张和用事实回答了上面的问题：优秀的婚庆公司老板不仅可以开得起宝马，更可以让自己的企业做到全国闻名。“格局，不是一句空话，而是靠一个企业不懈前行方能成就的一片蓝海，里面有团队的共同努力，更有领航者的身体力行和心智历练。”对于格局，一路走来的张和深有感悟。

## 企业格局：有梦想才有成就

一个人的发展往往受局限，其实“局限”就是格局太小，为其所限。张和说：“企业发展的高度，完全取决于一个领导者的眼界和胸怀。你敢有上天摘星揽月的宏伟计划，才能有无数跟随者付诸实践的努力付出。”谋大事者，必先要布大局。张和认为：“无论是个体人生，还是企业发展，我们首先要学习的不是生存技巧，而是布局。放大格局，力求站得更高、看得更远、做得更大。”大禾的发展，淋漓尽致地阐释了张和的“大格局说”——从

◀心无境 搏天下

2009年决然放弃专业策划和主持人身份，专职做管理的那一天开始，张和一天比一天清晰地感受到了，决策者决定着企业发展的方向和命脉，掌控了大格局，也就掌控了企业发展的前程。

张和说，真正体味管理的魅力，是在大禾一步步壮大的过程中。2009年的战略突围，大禾一开始只是想做到山西第一，用自己的努力，证明自己的与众不同。但是，习惯了坚持不懈，就会产生一种内在的动力，促使你不断超越。到2012年，大禾逐步确立了自己领跑全行业、成为中国婚庆航母的地位之后，大禾团队也从最初的几十人，发展为几百人的军团。“人员的突增，让管理成为发展的第一要务。大禾现在形成的逐级分层管理模式，也是

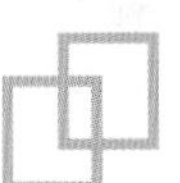



大禾迅速成长、成就辉煌最为突出的利器。尤其是2015年之后，大禾推出的千万老板高管模式，帮助更多优秀的人才成就梦想，为更多优秀的人才创造平台，大禾高管在脱颖而出的同时，也把大禾公司推向了更高的发展轨道。”从一开始做婚礼公司，大禾就在团队建设上颇有建树，经过近十年的快速发展之后，张和更是感触颇深，“对于企业来说，你拥有多少的人才，就能成就多大的格局。拥有人才，你才有成为人物的可能。”

### 领航格局：容天下才能拥有天下

格局大了，未来的路才能越走越宽。做人如此，做企业亦然。张和说：“一个企业的良性永续发展，优质老板、优势产品、优秀团队，三优缺一不可。一个优质老板可以提升企业的品质，进而有可能引领整个行业，成为领袖人物。当你努力在做一个优质老板的时候，成为领袖也许只是时间问题。”张和笑说：“刚开始的时候，我喜欢把做企业当作下棋，想要赢得人生这盘棋的胜利，关键在于把握住棋局。而且，老板一定要做一名棋手，而非棋子。”无数的业内专家给予张和的评价，无外乎超凡的睿智及创意能力。无数与他接触过的人，无不惊叹于他的个人魅力，在团队中形成的影响力中心的“杀伤力”。但是随着大禾的日益壮大，运筹帷幄间，张和说自己的最大收获是学会了放下，越来越明白了宽容的魅力。“不去计较，能接纳所有的不理解、不友好、不相信。心容天下，天下就是你的。当你越来越能够容纳所有人和事的时候，你也会发现，所有人都能为你所用。你也就会发现别人越来越多的优点，只有心无界，才能够拥有搏天下的能力。”

张和说：“大禾一直在努力，是因为大禾再次如涅槃重生般，放弃了自己可以引以为豪的过去，开始向下一个领域行进。像当年大禾梦想成为婚庆业界的全国

翘楚一般，现在大禾的目标，是能够成为全国婚宴市场的领航者。这也是大禾第四个三年计划的实施，在全国实现 100 家联盟商架构，让大禾印象成为全国餐饮界的著名品牌。”如果一个人的梦想，有了一群人的追随，实现这个梦想，也许会有超乎寻常的速度与能量。

使我痛苦者，必使我强大。如果你听说过鹰的重生，才会真正理解强大的内涵。鹰的生命有 70 年，但到 40 岁的时候，它要经历一次生死蜕变，才能够获得重生的希望。为了生存，鹰会在坚硬的石头上敲掉自己的喙，拔掉自己厚重的羽毛，磨掉自己弯曲的指甲，虽然会伤痕累累，但是，却获得了再次翱翔天际的希望。张和说，大禾的成长，就是每一次自身淘汰之后的蜕变。虽然会经历痛苦，但一定会涅槃重生，再次成为另人瞩目的传奇焦点。

▲大禾现代中式作品打破常规

# 100宴霸
## ——“张和智造”全国宴会市场风暴来袭

■ 2016年6月23日 《三晋都市报》

也许有一天，当你看到曾经和你相差无几的某人成功时，总会有些许的感触，觉得命运对你有失偏颇。如果过滤掉我们所能够想像出来的因素，一切可能附加在成功定义之前的努力付出、辛勤劳作，以及天资差异等先天因素，一个人的成长过程，能否舍得是决定你成功与否的内在因素之一。中国山西幸福港湾·大禾文化产业集团董事长张和进入2016年之后，又变得异常忙碌起来，熟悉张和、熟悉大禾的人们都知道，“张和智造”开始在一个全新的领域——餐饮业界持续发酵、升温、沸腾。

放下如日中天的婚庆事业，在一个全新的领域开拓“疆土”。张和说：“是因为舍得放下，你才会有前进的理由。”

### “100宴霸”横空出世

2016年1月1日，张和宣布：“大禾模式”正式开始进入全国餐饮行业。运用多年来自身积累的运营经验，将“2009版主题婚礼酒店”模式，在全国市场快速推广，就是张和称之为大禾第四个三年计划的“100宴霸”计划。如今，半年时光悄然已逝，“张和智造”在全国的推进情况如何？在张和从宁夏联盟酒店返并的当晚，记者见到了他。

半年时间里，即使是在万家欢度春节的假期，在祖国的大江南北，张和依然行走于“江湖”。“一直在路上，首先要做到的就是，在适当的时候放下过去，轻装前行。”张和说：“将近四年时间对全国市场的考察。其实，我们早在 2015 年底就基本确定了开拓全国餐饮市场的方向。因为有了之前‘大禾模式’在全国婚庆市场推广的经验，加上我们多年来 2009 版主题婚礼酒店成熟的运营模式，我知道，宴会这块市场蛋糕，才应该是‘大禾模式’真正发挥其功用和效用的最佳领域。”

如何让大禾的成功经验，在最短的时间里获得最大化的利益。张和决定，在全国市场推广“大禾模式”，要“两条腿走路”，也就是依靠自身投资和联盟酒店形式齐头并进、一同发展，迅速将“大禾印象”打造成为

▼ 大禾动感提琴组合

全国著名餐饮品牌。"之所以会选择两条渠道同时推进，是因为在现代社会的通信科技和网络技术条件下，所谓的独家优势，几乎失去了存在的可能性。如果没有速度的保障，所有的新概念、新模式，都很快变成明日黄花。"为适应新项目的顺利推进，大禾专门成立了全国事业部，在全国寻找年产值在2000万元以上的联盟酒店，输入"大禾模式"的经营理念及管理模式，让众多有实力、有团队、有规模的餐饮企业，汇入"大禾印象"的高速发展轨道上来。

如果说2012年张和率队进入全国市场是为了印证"张和智造"的市场可行性，那么，2016年的全国推广计划，则是在"大禾模式"获得高度市场认可的基础上，将"张和智造"引领行业发展6年以上的超前能力再次加以市场化验证。"2016年1月，我们面向全国召开第一次联盟商会议，到会20余家餐饮企业，现场就有10家酒店与我们签订了合作协议，达成率近50%。"张和告诉记者，"项目运作的短短三个月时间里，与大禾正式签订了合作协议的全国四星以上的酒店，已经有20多家。按照我们初期设定的3年100家联盟企业，加上10家自己投资的酒店，100宴霸计划的完成时间将大大提前。也许只要一年的时间，我们就能达成三年的计划目标。"

## "张和智造"价值几何

据张和介绍，目前在浙江、江苏、河南、宁夏、陕西、新疆、河北以及四川、重庆等地，"大禾印象"联盟酒店已全面启动。"其实，年初再次将发展目标锁定在全国范围的时候，包括我自己在内，也不知道市场会有多大的运作空间。但是经过前期的双渠道推广，各地协会加上我们自己的沟通，现在全国的餐饮行业里，大禾俨然'明星人物'。而且，宴会市场对于主题婚礼酒店模式的需求，也远远不是我们当初构想的水平。"张和笑着说，"走出去，才会发现自己价值几何。无论是中西部城市，还是南部的发达城市，几乎没有一家餐饮企业有完整、专业的管理模式和营销体系。我们专家团队所到之处，得到的不仅仅是对方态度上的尊重，更重要的，是他们对于大禾管理模式的忠诚与信任。”

整体经济形势的低迷与“张和智造”的高歌猛进，形成了明显的对比。张和很确定地说道：“我们的消费市场，不是没有客户，是企业找不到需求。全国有多少

▼ 大禾三亚摄影基地

餐饮企业被旧思维、旧模式，甚至周边圈层所束缚？如果你能够跳出固有思维模式，就会发现，属于你的市场很大很大。而对于我们来说，100 宴霸计划仅仅是个开始，一切重新布局、一切重新设计、一切皆有可能。”

从 2012 年被“大禾模式”吸引到山西的 1 万多家婚庆老板开始，“大禾”这个品牌就注定成为享誉全国的山西名牌。“最近，因为‘大禾印象’吸引到的重庆餐饮协会赴并考察，还得到了山西省商务厅的重视。央视的媒体也来到大禾，探究有关餐饮的话题……”假以时日，100 宴霸计划最终实现的那一刻，当“大禾印象”的 100 家联盟酒店在全国一个步调发声的时候，晋商形象将会添加更多注解。

一个人走向成功的六大要素，野心、远见、格局、决心、能力、坚持缺一不可。对成功有巨大的渴望，而且永远不满足现状，能看到并能把握住未来五年十年的发展趋势，经历各种磨难，但从不轻言放弃……如果你曾经与张和为友，你会发现，原来他具备了所有成功的前提条件。这个夏天，总是伴随着午后不曾预期的雷雨，与我们同行。这个夏天，注定了一切的结束和一切的开始——大禾终将破浪远航。

# 新版婚礼主题酒店王者来袭
## ——张和解密“大禾印象”

■ 2016 年 7 月 1 日 《三晋都市报》

2016 年 6 月 28 日，南京，《中国好餐饮》项目对接大会上，中国山西幸福港湾·大禾文化产业集团以绝对的王者风范，成为瞩目的焦点。董事长张和坦言：“如果大禾真的有那么一些不同寻常，也许就是因为别人在项目对接大会上卖的都是产品，唯独大禾卖的是人和团队。”曾经以跨行业思维创造出中国第一个婚礼主题酒店模式的张和，今天带着他经过 8 年主题宴会的实战经验、9 年的婚庆运营秘笈，在全国惊艳亮相，推出大禾自主开发的升级版主题婚礼酒店概念——“大禾印象”。有人说，大禾的成功也许来自于机缘巧合，来自于张和那让人捉摸不透的智慧……但张和说：“世界上所有的成功，都有它的必然性。大禾之所以能够成为行业的佼佼者，是因为大禾有着一群人，有着一支了不起的团队。”

### 大禾情结

2008 年，张和在涉足婚庆行业仅仅一年时间后，突然萌生了一个“超级概念”——婚礼主题酒店。此类酒店的雏形，渐渐在他脑海中构建、成型。第二年，当所有的概念成为现实之后，“2009 版婚礼主题酒店”一经亮相，立即在业界引起了轰动。被赋予了一定概念化和色彩定位的婚礼主题厅堂，成为了越来越多新人实现美丽人生、美好生活梦想的承载体。之后的 8 年时间，随着“大禾模式”在婚庆业界的全国化深入，“2009 版婚礼主

▲ 大禾民俗服饰表演

题酒店”也在全国快速推广。“就算是在太原这样的二线城市，就算主题婚礼酒店的概念推出、实体经营，已经有七八年的时间了，当我们从 2014 年开始，将‘2009 版婚礼主题酒店’的经营模式带到全国各地的时候，仍然引来一片赞誉。”张和说：“在‘大禾模式’运营体系下，婚礼主题酒店的整体化运作模式，被赋予了无限的生命力。当大禾正式开始进入餐饮行业的时候，带来的不仅仅是‘大禾模式’的营销管理体制，最为关键的是，它带给业界的是一种可以复制、可以预见发展和收益的经营模式。”

当初，在大禾进入婚庆业界发展两三年之后，就以非常明显的竞争优势，领先于这个行业的平均水准 5~6 年。当领先成为习惯，成为一个行业持续发展需要的时候，那么，这种依靠必然会成为一种趋势存在。“当一

▲ 大禾灯光表演

种成功的模式开始被广泛复制的时候，其实也就是到了研发全新模式的必要时刻了。”于是“大禾印象”应运而生。张和介绍说：“这个保留了最明显大禾特色的全新宴会品牌，开始迅速在全国崛起。在餐饮行业开疆拓土，依然使用了大禾的标志，一则是因为大禾情结使然。而且，这个带领着大禾烙印的品牌，是大禾军团对未来充满希望和梦想的原动力。‘大禾印象’的推出，不仅保留了原先强大的创意、策划功能，还会将升级版的‘2016版婚礼主题酒店’模式，打造成为引领行业发展的新标杆。”

## 精准定位

很多人都说，张和对于大禾发展所起到的作用，是跨行业、颠覆性的影响。“能够随时在顺境时保持危机感，是成为优秀的前提。”张和告诉记者：“大禾每一次的发展，都是从内而外的裂变，也许会经历痛苦，但前景广阔。即将在7月面世的‘大禾印象’，将从硬件和软件两方面，成为升级版的宴会新宠。”

改变之前单纯的色彩板块运用，实现80%的实景样板展现，提升酒店主题功能，是“大禾印象”在硬件方面的最大突破。张和认为，相较于硬实力的强化，软实力的开发和利用才是大禾品牌的真正“独门秘笈”。正如南京产品对接会上所呈现的，大禾对接的是与众不同的人和团队，是继成功的营销体系之后实现的全新服务体系。

如果说，2012年张和带领大禾军团走向全国市场尚存着一丝忧虑和担心，“2016版主题婚礼酒店”的全国性推广，张和却走得信心满满。“大禾印象”是为普通百姓打造的量化精品婚礼梦想。它有着非常精准的定位要求，就是为中国当前的中产阶级提供产品服务。张和强调说：“定位精准，才能够在市场中走得长远。大禾的优势在营销，这是婚庆产业的共识。如何在新的领域中，依然保持相对的优势能力？我们要做的就是实现营销加服务的全新运作体系。人们都知道在餐饮界有海底捞，堪称服务第一品牌。我们努力的方向，就是要让‘大禾印象’成为宴会界的第一服务品牌。”如果大禾愿景真能实现，那么，对于餐饮行业来说，大禾在全国实现百家联盟的意义，就绝不可能是山西品牌的短暂辉煌，而是会成为一把指引行业发展的标尺，持久而掷地有声。

# 大禾“跨界打劫”成定局
## ——宴会餐饮业“大革命时代”来临

■ 2016 年 7 月 7 日 《三晋都市报》

2007 年，龙城太原，一个在营销策划界做得风生水起的广告公司，毅然进入婚庆界，以一种“跨界打劫”的霸气，在四年时间里，颠覆了全行业的运营模式和思路。2008 年底，同样是这家婚庆公司，又开始站在婚庆人的角度，思考宴会餐饮的突破口。当时光的指针走到 2016 年，大禾——这个熟稔“跨界”的运营高手，正式挥师进入宴会餐饮界，开始了属于她的崭新征程。

大禾机构董事长张和说，我们的人生，都是从选择的那一刻开始。所不同的是，作出选择的那个时刻，是缘起辉煌，抑或基于无奈。“这是个巨变而又剧变的时代，唯一不变的就是变。危机意识，是大禾成就优秀的第一要素。她之所以可以在近十年间，保持稳定的向上态势，就是因为大禾总能在春风得意的时候，反转思维，逼迫自己在新的领域开疆拓土。婚庆如此，宴会餐饮亦然。”

### 传统行业变革

由于“互联网 +”时代的来临，我们的生活每天都在上演着“传统”与“现代”的较量。越来越多的生活习惯，正因网络而发生着翻天覆地的改变。“在我看来，传统与现代，只是一种概念化的差异。没有绝对的传统，当然也不会有绝对的现代。”张和分析说，“对于一个企业的经营者来说，如果你的思维传统、模式传统，那么，你的企业就注定只能是被打上‘传

▲大禾获得的各种奖项

统行业’的标签。如果换种模式、换种思维，任何的传统，都可能展现其前卫的一面。”

从策划界走入婚庆界，两个完全不搭界的行业，不仅让业内充满了质疑声，也让当年的张和团队“一头雾水”。相对于广告界，当时的婚庆业的确算得上是个充满时尚、摩登气息的行业。但是，如何让时尚变成行业的持续发展动力，我们所运用的就是一种跨界营销的模式。张和所说的“跨界”，也就是运用原本不属于婚庆界的模式，去经营婚礼的舞台，为这个传统行业，注入无限现代元素。这也就是被后来无数事实印证的，张和

早于这个行业 5~6 年开创的“大禾模式”。它从诞生的那一刻，就注定了精彩。

▲“张和智造”又一新产品“大和马”即将面世

2008 年年底，当张和第一次将目光投向宴会餐饮行业，主题婚礼酒店应运而生。“经过了七八年的发展之后，目前的主题婚礼酒店是以大厅化的模式而存在。虽然风格各异的外装修，给了人们区分不同选择，但具体到评判婚礼质量，无论是商家，还是消费者，大多还停留在

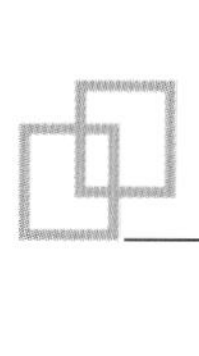



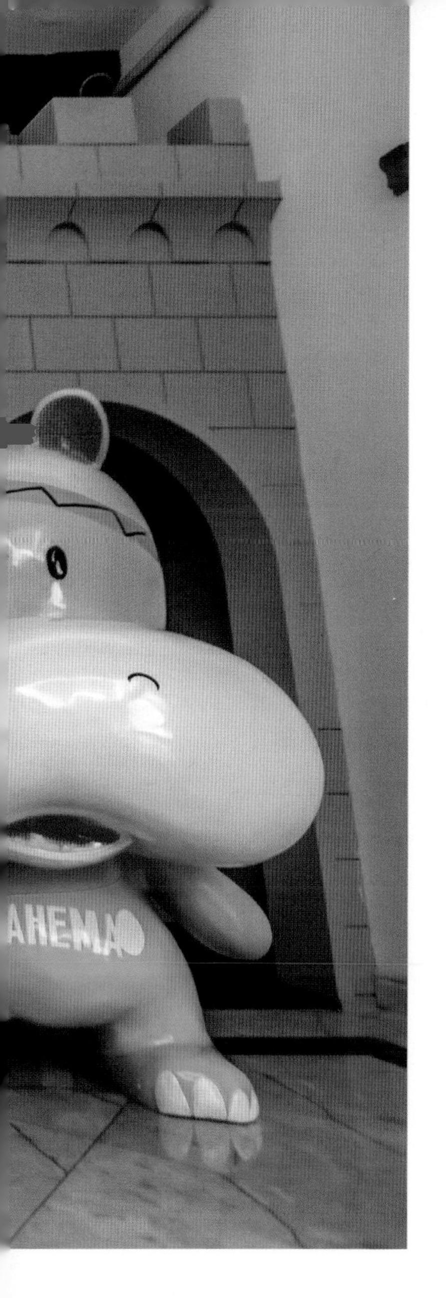


对饭菜品质的认可层面。”张和说道，“其实，随着人们生活水平的日益提升，‘吃’的概念已经非常淡化了，人们在满足了一定的物质需求之后，自然而然就会把幸福的定义圈定在精神层面上。”

所以，大禾在拥有了近八年的主题宴会实战经验之后，于2016年，正式推出了自己升级、改良版的宴会餐饮模式，即“大禾印象”。经过半年时间的全国快速推广、联盟，“张和智造”收到的市场反馈，无一例外是惊叹与折服。“‘大禾印象’给婚礼宴会市场带来的最大变化，我将它总结为一个替代——那就是用视觉和听觉，代替味觉。我们大禾独有的婚礼文化概念，为婚宴市场带来的，一定是一场脱胎换骨的革命。”张和言简意赅，却能量十足。

## “张和预言”再现

有人说，张和是个预言家，因为他在婚庆业最繁花似锦的当口，预测过单纯婚庆业态的消亡。虽然，当年对此论断质疑声言犹在耳，但今天市场中的婚庆公司，早已失去了与张和预言叫板的能力。“说是预言，其实准确地说应该算是我对市场的预见性。”张和淡然地说，“如果没有强大的文化支持体系，任何的发展都会面临困境。企业发展尤是如此。如果说当年‘大禾模式’的诞生，解决的是全国婚庆企业普遍发展瓶颈的问题，那么今天推出的‘大禾印象’，就是化解潜在发展危机的宝典。”张和说：“在很多人看来，也许宴会型酒店，尤其是能够与婚礼宴会搭上边的酒店，一定不会为缺少客源而担忧。只要人类生生不息，那么婚礼宴会就会源源不断。但是，人们忽略了一个至关重要的因素，那就是酒店的投入与产出比衡量。如果企业缺失的是核心竞争力，那么维持都会举步维艰，发展、壮大更是无从谈起。‘大禾印象’为宴会餐饮带来的是一场改变模式的革命——建立自己的营销团队、打造专属的主题酒店、推广定制型复制婚礼，就是要打破传统宴会酒店的经营枷锁，变‘等客上门’为‘主动营销’，用最科学、经济的硬件投入，实现最大化的收益。”进入宴会餐饮行业半年之久，张和预言再现——婚庆产业链中，影楼、婚庆、酒店“三国鼎立”的格局，正在发生着巨大改变，谁将成就最终的霸主地位，时机、商机、契机，将是决胜的关键。

张和定义的“大禾印象”，是一个新型的婚礼结合体，是基于大禾婚礼文化的一个高端产物。“大禾印象”惊艳亮相之后，引来的是全国爆炸式的反响。在宴会餐饮业界，对于“张和智造”的不可思议，渐渐变成了持之以恒的信任与跟随。张和断言：“‘大禾印象’与其说是一种全新的婚礼宴会模式，倒不如说她给新人带来的是一场全新的婚礼体验。这种以精神满足感为最高执行标准的体验，势必会成为引领宴会餐饮业的风向标。如果将这段引领的时间数字化，我认为，它最少是可以领先整体行业 5~6 年的发展水平。”张和分析，如果经过 5~6 年的发展，随着人们生活水准的进一步提高，对于精神生活会提出更高追求。到那个时候，也许我们的婚庆产业，就会走上日韩系的发展道路——婚礼会采用自助、茶歇等更开放、

宽松的方式，成为现代家庭的精神聚会。“所以说，如何把握现在有限的时机，在最短的时间里，提升自身品质，打造专属的优势、特点，才是留存的王道。”

业内有专家明确表示，“大禾印象”的出现是张和宴会餐饮观点成熟化的标志。大禾品牌的全国普及程度，势必会带来宴会餐饮业的一次重大变革。张和说：“大禾品牌的神奇魅力，不在乎她是不是会保证你功成名就、流芳百世，而是她会给你提供无限的可能，让你去尝试、去拼搏、去成就传奇。”

▲ 影星曾志伟兴致勃勃地观看山西拉面表演

# 总有一种坚持让大禾人泪流满面
## ——在路上，用双脚丈量梦想

■ 2016 年 10 月 21 日 《三晋都市报》

世界上，有一种最为复杂的感情，叫作别人的成功。因为太多的光环效应，太多的鲜花、掌声，让我们不由得更加关注成功本身，而忘记了一路经历的坎坷和波折。2016 年伊始，大禾的第四个三年计划正式启动。三年前，张和在全国的婚庆人高峰会上宣告自己将告别婚庆人的角色定位："哪天再次出现在全国同仁的面前，我一定会是另外一种身份。"张和是个爱造梦的人，所不同的是，他的梦是每一个"禾苗"甘愿为之付出一生的奋斗目标。

从婚庆人转型宴会餐饮新秀，张和一手策划的大禾崭新形象——"大禾印象"宴会酒店，以完全跨行者的身份，在短短十个月的时间，获得了来自大江南北宴会餐饮同仁的由衷赞誉，也收获了相信大禾、追随大禾的无数忠实"粉丝"。但是，你绝对要相信，在大禾人自信的笑容背后，一定有着一种你我所不曾经历的一种痛，才会让他们脸上的笑容，如此灿烂、明耀。联盟事业部是紧紧联系着大禾和外界的一扇窗，透过它你会发现，收获与你的付出永远成正比。

### 一步步走来的成功

从 2016 年开始，大禾决定进军全国宴会餐饮业。一面是全国餐饮业比比皆是的惨淡现状，一面是一个初涉行业的新面孔，别说是成功说服对方，从一个陌生者的身份，变为坚定的追随者，单单是寻找

汗水湿透衣背的“禾苗 ”▶

目标客户群，也需要克服身体和心理的双重挑战。为了避免错过“目标”，事业部的员工们会选择徒步的方式，经常是顶着烈日，步履匆忙。不过，长期的“战斗”，也让大家琢磨出了许多的应战技巧。比如，中午日头实在太过猛烈的时候，他们会选择到酒店的大厅、银行的营业厅等舒适的场所，打杯水、稍作休整，继续前行。因为不熟悉各地的具体情况，坐夜车更是家常便饭。没有座位了，就选择站到目的地，旅行箱就充当了临时座位的角色。等找到住所，经常已是凌晨时分……但这都丝毫不会影响到他们第二天高效的工作。前期充足的功课准备、到达目的地之后的悉心

◀ 放眼未来 审时度势

走访，以及历经千辛万苦，见到对方老板之后的谈判技巧……事业部的姑娘、小伙儿熟稔于胸。走得多了，见人多了，经验也越来越多。他们说："哭过，也笑过；伤心过，也感怀过。遭受拒绝时，心底的不甘和执著会将泪水转换成动力；收获被别人称赞、认可、视若贵宾时的感动，会让我们的眼泪飞洒。"

## 一份份不渝的坚信

很多时候，行业的发展都存在着明显的地域差异。大禾，却是在经济规律中特立独行的一个"例外"。从南到北，"大禾模式"几乎不存在"水土不服"的现象。许多有着十几年甚至几十年从业资格的业内行家，在领悟了大禾精髓之后，都会异口同声地赞叹找到了让企业发展、重生的制胜法宝。张和说：“究其根本原因，是因为‘大禾模式’永远是站在消费者的角度，精准分析客户需求，用自己的专业技术和人性化关怀，实现服务的最优和情感的慰藉。”这也是大禾既定了三年目标，仅仅只过了不到1/3的时间，就已经达成了近半目标的原因所在。

王健林在《开课啦》的舞台上曾说过，人生做任何的事情，要没有一种咬牙的精神，要没有一种坚持到底的精神，是不能成功的。所有的创新，所有企业家的梦想，都是在坚持中才能实现。任何成功，都是不断完善的过程，只有坚持才能得到。坚持，是“禾苗”一直行走在路上的脚步，虽然有时候会略显疲惫，但步履坚定。坚持,还是大禾对自己未来发展目标的执着。虽然很多的时候，会让每一个人感觉压力重重，但初心不改。坚持，就是张和心底最大的一个梦想，让“大禾印象”这个支柱产业帮助一直走在路上的“禾苗”们收获幸福。

# 大禾战略：只做领航者

■ 2016 年 11 月 19 日　《三晋都市报》

张和说，存在的价值，决定了一个企业，甚至是一个行业发展的兴衰成败。大禾成功转型的关键，就在于——

**大禾战略：只做领航者**

今年的龙城，冬日的气息一直不甚浓郁，就连来到北方的许多南方人都感觉不到丝毫的寒意。11 月 14 日，全国各地的餐饮老板们，因为一个共同的目标，来到了太原，来到了一个叫作中国山西幸福港湾·大禾文化产业集团的地方。如果不是眼见为实，也许很多人都无法相信，大禾的成功转型，真的可以用传奇来形容。

## 存在价值，注定了“婚庆公司”被取代的命运

就在全国餐饮界的大咖们汇聚龙城的前几天，中国山西幸福港湾·大禾文化产业集团董事长张和接到了一个电话，问他参不参加一个全球婚庆企业的会议，他很礼貌地笑笑，没有回答。其实，早在三年前，张和就曾经预言，单一的婚庆公司模式，肯定会逐步走向消亡。“从 2007 年开始，大禾步入婚庆行业，在短短的四五年时间，成就了自己全国婚庆航母的辉煌，可以肯定地说，我们曾经不遗余力，梦想着改变，但最后还是无力拯救传统的婚庆业。”

张和告诉记者：“当时之所以会用‘消亡’来预测婚庆公司的发展轨迹，绝对不是空穴来风，也不是自己的一时兴起。大禾是以婚庆闻名于世的，我们也曾经梦想着，在这个行业里保持着永续发展。但随着市场的发展和逐步积累的经验，我们可

▲ 大禾十年庆典晚会现场士气展示

以非常清晰而准确地判断，类似于之前‘拼凑式’经营的婚庆企业模式，最终会被酒店所代替。尤其是，当太原兴起的婚礼主题酒店模式在全国范围内引起轰动效应时，这个判断就更加明朗化了。”那么，为什么张和在全国的婚庆行业，看上去还是“一片繁荣”的时候，就做出了如此判断呢？张和回答：“大禾从一开始，采用的就是入驻酒店的销售方式，也就是说，我们是以酒店销售部的身份，来进行业务推广的。所以，八九年宴会酒店的营销模式，我们可谓掌握了第一手资料。其间，不乏有别的婚庆公司在酒店承揽婚庆业务，形象地说，就像是一个中介公司‘拼凑’来各项婚礼道具，包括主持人，来现场临时组合成一场婚礼。效果自然可想而知了。”

◀ 三亚摄影基地拍摄作品

“当你有存在的价值时，才会被市场接纳。这是企业，甚至是一个行业发展的前提。”张和说，“所以，当临时拼凑的婚庆经营模式，被越来越多的人看明白之后，这个行业也自然不会有存在的价值了。取而代之的，宴会酒店会将这部分利润‘据为己有’，大禾多年来的酒店实战经验一直让我们保持着的危机意识。”透过繁华表象，看到了婚庆企业发展的实质之后，转行宴会餐饮业，是张和胸有成竹下出的一步转型之棋。

## 战略高度，决定了大禾成就传奇的速度

如果说，单一的婚庆企业经营模式难以摆脱被市场淘汰的命运，是因为缺少自己的团队和企业化整体运作方式。那大

禾可以说不必为此忧虑。因为从成立之初，张和就着力打造自己的企业团队，从全国唯一的婚礼主持人天团、销售天团到舞美团队……大禾的团队，是在业界享有盛名的一块金字招牌。“但行业发展的局限性，不是某一个企业个体，就能够力挽狂澜。所以，我在2015年年底，做出了转型宴会酒店行业的决定。也许当初在许多人看来，大禾的这个举动可谓冒险。时隔近一年的时间，大禾用事实再次证明了自己的实力，证明了‘张和智造’的前瞻性。”

原定3年时间，在全国范围内，实现100家联盟单位的“大禾印象”宴会酒店模式，在短短的多半年时间里，就达成了目标任务的50%。“这里面，一方面是大禾多年在宴会酒店的实战经验使然，更重要的是，大禾文化打造的‘团队+作品’的融合模式，为联盟餐饮带来了思维意识上翻天覆地的改变。”张和分析说，“无论是婚庆业，还是目前大禾涉足的宴会餐饮行业，之所以能够在较短的时间里，实现大禾品牌价值的最大化，究其根源，我认为是大禾战略的高度，成就了大禾一次又一次的传奇。”

当婚礼主题酒店模式逐渐被人们所熟知，市场中很快会出现“超级模仿秀”。“但是，模仿来的只能是硬件设备的形似，真正属于文化内涵的软件‘灵魂’，绝不是靠模仿就能得到的。”张和肯定地说：“无论是在十年之前，大禾在婚庆业内发展的时候，还是今天大禾成功转型宴会餐饮行业，大禾的发展目标都是行业的领航者身份，所以说，若干年之后，当‘大禾印象’的模式成为市场中争相模仿的对象时，我们一定会开启下一个能够成就传奇的领域。”

到过大禾的婚庆人、餐饮人，在与大禾“亲密接触”后，几乎会异口同声地发出赞叹：“如果不是亲眼所见，你绝对不会相信，大禾人所有承诺你的，一定是

◀ 走四方的“禾苗”

真实而有效的。”大禾，是个只会用数据说话的企业。大禾，也是个让你可以放心并眼见为实的企业。看团队、看销售、看思想、看战略——只要来到大禾，就可以给你一切问题的答案。

“为改变千千万万中国家庭的精神生活而努力奋进——这是大禾精髓所在，也是所有大禾人为之付出青春和心血的方向。”张和说：“当你把事业做成一种责任，成功自然会与你不期而遇。”

# “大禾印象” 领跑全国

■ 2016 年 12 月 9 日 《三晋都市报》

大禾，是个创造奇迹的地方。如果你正在关注着她，一定会因为她的无数个“不可置信”而变得心潮澎湃——11 月末，当“大禾印象”宴会酒店全国加盟单位，在中国山西幸福港湾·大禾文化产业集团共同启动了“开门红”活动之后，从 12 月 3 日开始，各地加盟单位也陆续启动了自己的“开门红”活动。一时间，“大禾印象”宴会酒店加盟酒店所在之处，红红火火、激情高涨，大禾又一次以领跑者的身份，站在了宴会餐饮业的排头兵位置，创造着属于大禾的传奇。

数字就是奇迹的最好佐证，也是大禾用来证明自身价值的有力武器——全国各地 100 宴霸 2017“开门红”第一天的签单战绩，就用数字演绎了这份传奇：江苏泰州会宾楼集团签单 27 件，河南信阳德龙太子签单 18 件，贵阳仟纳餐饮集团签单 15 件，江苏响水心连心酒店签单 12 件，江西上饶龙潭湖宾馆签单 6 件，浙江兰溪满江红签单 6 件，江西抚州新海大酒店签单 3 件，河南久久缘签单 8 件……仅仅一天，就取得了如此傲人的战绩。而且，精彩不断上演，100 宴霸 2017“开门红”第五天签单战绩——浙江永康紫微酒店会销签单 227 件，“开门红”累计签单 350 件，江苏泰州会宾楼集团累计签单 100 件，江西新余仰天餐饮集团累计签单 92 件，贵阳仟纳餐饮集团累计签单 54 件，河南信阳德龙太子累计签单 51 件，江苏响水心连心酒店累计签单 40 件，江西抚州新海大酒店累计签单 25 件，台州兴隆餐饮累

计签单 23 件，河南久久缘酒店累计签单 19 件，江西上饶龙潭湖宾馆累计签单 18 件。

“开门红”的精彩还在延续，前线将士再传捷报——浙江永康紫微酒店在“大禾模式”带领下再创奇迹，单店会销签单 227 件，打破了目前大禾会销最高纪录！两天签单 300 件，预计业绩一千五百万元！董事长在总结会上激动落泪，所有管理人员向大禾团队鞠躬感谢！这就是“大禾模式”的魅力。

▲ 学成返回的宴霸员工

张和说：“其实，每一个奇迹的背后都是大禾人默默、执着的付出。”在会销的前一天，虽然已经将近午夜 12 点，大禾战队还在为浙江永康紫微酒店指导工作，这就是敬业的大禾人的品质。“在全国启动‘大禾印象’宴会酒店100宴霸计划，可以说是大禾在中国宴会餐饮业界的一次革命，让所有的加盟企业，以传统宴会餐饮者的身份,用一种全新的营销管理模式，重新在市场中成为行业的翘楚。只用了不到一年的时间，今天可以很自豪地说，我们做到了！”

以一个婚庆人的身份，从2012年走向全国市场的大禾只用了不到两年的时间，就成就了其全国“婚庆航母”的地位。以跨行转型宴会餐饮者的身份，大禾只用了几个月的时间，已经成为无可争议的行业领跑者。曾有友人劝慰张和说：“已经赚到了足够的钱，也该歇歇了。”张和淡然笑笑，回复说：“钱，不是衡量一个企业家价值的唯一标准，在你有能力的时候，多做些事情，本身就是一种享受。相信在我们的努力下，包括100霸宴、包括大禾，将收获更大的未来！”

# 第三节 他们因大禾而精彩

## 江西新余仰天集团

### 企业简介

仰天集团公司成立于1999年，总部现位于秀丽如画的江西新余市。17年的成长历程，集团公司在广东深圳、江西新余两地成立了四家子公司，拥有“仰天餐饮”“仰天福”“星期五快时尚餐厅”“想念妈妈菜”“爱巢酒店”五个餐饮酒店品牌，共十几家在营分店，形成总投资超1.5亿元，经营面积达25000多平方米，年营业额超亿元，员工1000多人的经营规模。

公司有较好的经济效益和社会效益，是赣粤两地餐饮酒店业中一颗闪亮的明星。

### 加入大禾

1.做大婚庆及婚宴的理念更加坚定。通过多次参加大禾的专业课程及大禾百万精英来店授课，其团队的营销理念及经营定位更加清晰，方向更加明确，目标更加坚定，团队对新经营模式及营销理念的认识全面提升，为企业发展带来了更强大的推动力。

2. 打造了一支狼性营销团队。通过与大禾交流学习，理念的更新为打造狼性团队创造了良好条件。把前厅部组建为新的宴会部，选拔具有营销特长的人员调入宴会部，通过大禾帮助指导，基本形成了专业化营销团队。

3. 积极开展抢单竞赛，锁定更多宴席客户。加盟大禾以来，公司先后举办了三次抢单竞赛活动，在大禾团队的指导下，确定目标、明确责任、制定考核、跟踪执

▲ 仰天集团宴会厅展示

行。在大禾团队的热情指导和仰天团队的共同努力下，共抢单 1350 个，预计锁定宴席 1500 万元，为公司后期实现经营总目标奠定了坚实的基础。

4. 婚庆业务发展明显加快。通过派人多次到“大禾印象”学习交流，婚庆团队的理念得以更新，技能明显提升，并借鉴大禾婚庆营销、谈单、跟进、造梦、布场、承办等方面的成功经验，组建了新的婚庆团队，增加了新的设备，制定了更加科学的考核制度，有效激励团队，仅 2~3 月成功收获婚庆 48 单，婚庆业务发展明显加快。

# 山西大同瑞世佳典主题婚礼酒店
## ——“大禾模式”带给的巨变

山西大同瑞世佳典主题婚礼酒店是晋北地区首家集婚礼宴席和婚庆服务为一体的高端主题婚礼酒店。

瑞世佳典主题婚礼酒店于 2015 年 1 月 27 日正式开业运营。酒店位于大同市西环路，处于城西新商圈中央区。营业面积 8000 多平方米，共有喜庆典雅、华丽浪漫的庆典宴会大厅 6 个，豪华雅间 18 个，可提供 1800 个餐位。各宴会大厅配套独立厨房和温馨的新人化妆间，配置了先进的音响、灯光及央视级环绕 LED 屏系统，舞台威亚系统实现新人空中婚礼的梦想，天鹅湖水上婚礼浪漫典雅，大厅和雅间的视频联动，影视级的制作，为新人留下永久的影像记录。

酒店立足于餐饮和婚礼庆典相结合，秉承传统美食工艺，融合各大菜系和大同独特的餐饮文化，精心制作不同特色的专属婚礼宴席，华丽唯美的环境，面向大众的餐饮标准，开创了大同餐饮业历史的新纪元。

虽然我们在经营管理上也在努力突破传统的思维，在流程、产品、服务上走制度化、标准化的道路，把“6T 管理”落实到每一个岗位。短时期内，快速实现规范化管理。但是相对而言，销售基本沿用以前等客上门的模式，婚庆、婚宴两张皮，缺少全局营销策略和销售意识。营销人员的营销积极性不够，营销团队没形成狼性营销系统，大家没有争强好胜的斗志，没有打造出明显的婚礼产品特色及优势，缺乏核心竞争力，效率低下，产出低，运

营成本大。

2015年的三四月份，酒店派员远赴北京、上海、长春、广州、天津、太原、成都等地，重点考察了各地婚宴和婚庆做得比较好的酒店，通过调研发现一些问题仍然困扰着许多同行，比如：同质化竞争严重，行业发展良莠不齐，很多公司关注的还是布场和道具，往往会忽视婚礼的内涵和本质，婚礼理念上存在缺位，缺乏核心竞争力等等。这些现象是整个业界普遍存在的问题，同样也是我们所面临的发展瓶颈。所以必须打破，打破才能前行。与此同时，“大禾模式”走进了我们的视线，我们也走进了婚礼主题的新思维中，“大禾模式”的关键之处在于还原婚礼的本质，挖掘婚礼的内涵，其成功更多

▲瑞世佳典三部外景

◀ 瑞世佳典二部外景

◀ 瑞世佳典宴会厅

地来源于经营模式和营销思维的转变。就这样“大禾模式”和瑞世佳典·瑞俪传媒越走越近，越来越亲。2015 年 5 月，我们双方达成合作协议，开启了瑞世佳典新的发展经营模式——合作共赢、营销为王、植入大禾。

2015 年 5 月，瑞世佳典全面引进“大禾模式”，以换脑的方式，全体员工全方位地学习有关大禾先进的营销策略、经营管理模式，经历了一个多月的集中封闭培训学习和四个多月的落地实践工作。在培训中，大禾成功的六个模式、狼性团队建设等切中要害，立竿见影，并向我们展示了大量的大禾策划成功案例，从大禾婚礼策划到现场的经典作品以及会销实践，让瑞世佳典人零距离体验了“大禾模式”的

瑞世佳典宴会厅之天鹅湖厅

瑞世佳典宴会厅之金色大厅

精髓。

培训之后，酒店采用了全新的营销总监制和业绩考核、激励办法。我们在策划婚礼能力、酒店运营机制、团队建设等方面得到了长足的进步，合作带来了变化与成长，业绩也得到了明显提升。8月7日，由瑞世佳典主题婚礼酒店主办，瑞俪文化传媒公司、中国幸福港湾·大禾文化产业集团共同承办的2015大同高端主题婚礼发布会成功举办，活动当天成功签约90多单，初步体现了“大禾模式”的植入效果。从经营角度看，相比上半年，2015年下半年婚礼订单每日平均增长将近3000元，2016全年婚庆营业额达到1100万元，宴席的餐标也体现出走高的趋势，这些真实的数据证明了“大禾模式”的成功；同时，我们在大禾的帮助下，根据酒店的特色和条件，出品了瑞世佳典·瑞俪传媒的十大主题婚礼产品，引领了大同市的婚礼文化市场。

**感谢**

在过去两年里，我们学习大禾，植入大禾，感受大禾。学习大禾后我们受益匪浅，也感染了许多的“大禾特质”，并荣幸地成为产业联盟“大禾印象”标杆酒店，瑞世佳典·瑞俪传媒得到了稳步的发展，取得了经济和社会效益的双丰收，为公司今后的发展奠定了坚实的基础。我们也将会积极推广、发展、复制“大禾模式”，帮助别人并成就自己，这也是在传承大禾价值观地精髓所在。

# 浙江省永康市紫微酒店管理有限公司

永康市紫微酒店管理有限公司创办于1999年，公司董事长吴剑平和总经理舒肖精夫妇以“打造精品紫微、塑造连锁名店”为经营理念，经过近20年的不懈努力，已逐步发展成为当地家喻户晓的知名品牌酒店，是当地综合实力最强、规模最大的酒店连锁企业。公司旗下现有职工近千人，拥有四星级酒店1家，三星级酒店2家，度假型综合酒店1家，特色餐饮店4家，精品宾馆3家、贸易公司等不同业态的企业12家；有各种风格宴会厅18个，餐位5800个，客房680间，每年接待人数180多万人次。

2016年，紫微全程导入“大禾模式”，连续举办两场“一站式主题婚礼发布会”，现场场面火爆，宾客反响热烈，签单婚宴74批，小宴席207批，同时收获了大禾主题婚礼发布PK的“冠军团队”称号。2017年初，“宴霸开门红”活动同样硕果累累，签约婚宴66批，小宴席676批。此间，紫微涌现出一批营销精英，从中挑选十几位打造“金牌宴会管家”，为宾客提供活动策划、环境打造、宴会主持、菜单设计、舞蹈表演、大菜秀等。

紫微花园百合厅——浪漫融入现实：席设60桌，可私人订制3D裸眼全息投影和彩光秀，打造如梦如幻、五彩斑斓的宴会环境。

紫微花园花海厅——情深缘定花海：席设35桌，厅面内手工打造99999朵樱花，浪漫唯美、韵味十足，仿佛置身花的海洋。

紫微明珠太阳宫——爱意芳华永驻：席设88桌，直径6米金色“喜”字从高空下降，高档的音响灯光配置、独一无

◀ 紫微集团宴会厅展示

二的宴会场所是情侣们的最爱。

紫微明珠千禧厅——罗曼蒂克韵味：席设40桌，内设欧式阁楼，餐厅环境情调浪漫、唯美典雅，是西式婚礼首选之地。

紫微明珠喜洋洋——奇妙多姿意境：当地唯一的儿童主题厅，奇异的灯光色彩，有趣的涂鸦设计，是满月酒及儿童聚会的最佳场所。

通过多年努力，“紫微人”正一步步去实现“让百姓生活更幸福”的愿景，同时也收获了永康百姓的信任和认同，“有宴席找紫微”已深入人心。各级主管部门

◀ 紫微集团宴会厅展示

也给予了高度肯定和许多荣誉：连续12年获得“消费者信得过单位”；连续9年获得“纳税优胜单位”；连续7年获得“浙江省工商企业信用AA级守合同重信用单位”；“省级餐饮服务食品安全示范单位”；“浙江省食品卫生等级A级单位”；“浙江省最佳贡献旅游企业”。

## 河南郑州久久缘婚礼主题酒店

久久缘婚礼主题酒店，以精美为核心，以个性为特征，采用科学的经营体制和管理方法，秉承创新理念，将酒店模式与“主题婚礼一站式”服务理念有机完美结合，填补了国内主题婚礼酒店只接宴请的空白，为中原人民营造了更新．更美的美食空间。

久久缘婚礼主题酒店拥有 4990 平方米的建筑面积，拥有 6 米高的典礼厅 3 个，8 米高的典礼厅 1 个，罗马风格的教堂典礼厅 1 个，风格迥异的包房 69 个，可同时容纳 1600 人的就餐。酒店集散点销售、结婚喜宴、婚纱礼服、彩妆造型、摄影摄像、演出布置、婚礼策划为一身，形成中原最强的一站式婚礼团队。旨在打造最具个性的主题婚礼，营造独一无二的神圣浪漫婚礼画卷。

久久缘婚礼主题酒店董事长畅肖琳女士于 2014 年 4 月被选举为河南省婚庆协会副会长；同年 8 月，被省婚礼文化研究会评为“婚礼营销专家”。2015 年 2 月，荣获“影响中原时尚行业魅力领军人物”荣誉称号。2016 年 2 月，被河南省商务厅委任河南婚宴酒店专业委员会执行会长。同年 7 月被委任河南省婚庆主持人专业委员会秘书长。

久久缘婚礼主题酒店提供会议场地出租（租赁）、场地预定，近 190 平方米超大舞台，宽荧幕 LED 屏，演出配套灯光一应俱全；做品质宴会，来久久缘。久久缘婚礼主题酒店本着“顾客至上，服务第一”的宗旨。以一流的设施，一流的管理，一流的服务，感恩广大顾客朋友，笑迎八方来客。

久久缘婚礼主题酒店加入大禾之后，见识到了大禾团队的凝聚力，团队中的每一个人都正能量爆棚，每天都全心全意工作，相互协作，相互帮助，让我们懂得了一个团队的重要性。知道了如何让会销更赚钱，客户更满意，谈单的话术更专业。看好趋势才会有很好的未来，成功不是看眼前，而是精准的判断未来并坚持奋进，如果没有“慧根”就要“会跟”。选对方向，选对平台。让我们成为中原地区的宴会霸主！

▼各具风格的久久缘宴会厅

# 重庆喜悦酒店

## 结缘大禾

结缘大禾要从2012年下半年说起，那时全国高端餐饮开始出现业绩下滑，虽说我们的定位不属于高端宴会，但我们零餐部分的营收也呈逐渐递减的状况，在2013年年度财务分析会上我们得出一个结论："2013年虽说我们是盈利，可用近两年的年度营收和净利润做对比，我们业绩是呈逐渐下滑趋势的，这是一个不好的信号。"也是从那时开始，企业便一直在找突破口，首先通过学习规范管理、梳理流程，让企业走上规范化，同时也在寻找好的餐饮模式，也试过开小店，走连锁运营、招商加盟，可最终效果却一般，都不是我们真正想要的结果，也没有真正找到突破口，始终没有冲出这个瓶颈。

这些年我们一直在寻找，直到在上海的一次对接大会上，我们了解到了"大禾模式"，即主题宴会模式。将每一场宴会都打造为一个舞台作品，新人就是明星！

2015年12月23日，对于喜悦酒店来说是一个特殊的日子，那天我们走进了大禾，也是在那一天我们才明白宴会型餐饮的突破口到底在哪里，不是和竞争对手比菜品的数量，更不是一味打折，顾客真正需求的是价值，当价格没有得到保证的时候，所出的产品是无法保证其价值的。《丹凤朝阳》《桃花红杏花白》等婚礼作品让我们感受到浓浓的典礼仪式的味道，也看到一场真正的宴会价值到底在哪里体现，我们宴会不只是用餐，我们是要一起见证亲人、朋友一生中最重要的、神圣的时刻！我们没有丝毫犹豫就加盟大禾，因为张董不只是在对接大会上讲得好，而是实实在在做得好！

▶ 3D 大厅 美轮美奂

2016 年 5 月，我们带着全新的理念开始筹备重庆首家主题婚礼酒店，“大禾模式”从一个婚礼设计者的角度辅导我们打造了今天的喜悦主题婚礼酒店，每个环节大禾都派最专业的技术力量前来进行指导，同时在筹备期间大禾要求我们将我们的销售人员派往山西实地学习，为我们的人才选拔把关，让我们的销售人员与大禾的百万精英、千万老板们同行，一对一辅导，言传身教。在这一点上任何一个培训企业都是做不到的。我们认为大禾不是培训的模式，大禾是在用自己成功的模式来辅导加盟企业，大禾是教练的模式！

2016 年 10 月 27 日，重庆首家主题婚礼酒店——喜悦，盛装登场！那天也是我们第一次体验到会销的力量，虽然期间也多次到大禾学习，感受会销模式，但是仍被深深地震撼，那天我们没像以往一样开业时就宴请宾朋，而是在开业当天邀请了九十多对新人，举办了一场盛大的婚礼发布会，对内我们称“绽放记”。这次活动是由大禾王总、娟姐及大禾军团全程打造，在“绽放记”结束当天我们成功签了 112 单，仅 10 月 27 日当天会销就成功签 80 多单！我清楚地记得当天深夜还有部分客户在签单，那一次对我们的震撼非常强烈，让我们真真实实地感受到大禾军团的实力，当天在我们喜悦酒店的销售人员

◀儿童厅浪漫活泼

身上也看到了大禾销售精英的影子，这一切都受益于大禾，时至今日，每每想到那一天，心里都是满满的激动，这一切都源于信任的力量！

从走进大禾结识张董开始，我们在心里就隐隐的出现一个声音，我们不再只是一个餐饮人，我们要做婚礼文化的发扬者，我们要将每一位新人人生中最重要的典礼，做到有仪式感、神圣感，将每一场婚礼真正的打造为庆典！当然这还需要紧跟大禾的步伐，还要不断向大禾学习！同时也要对大禾及大禾军团致以深深的谢意，如果没有遇到你，我们还在寻找。是你停止了我们寻找的步伐，是你带我们冲出瓶颈，看到新的希望，是你让我们实现一个又一个的奇迹！

我们刚好在寻找，大禾刚好最专业，一切都是最好的安排！

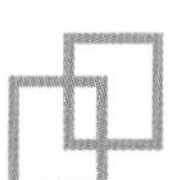


# 江西鹰潭忆江南餐饮

“江南好，风景旧曾谙。日出江花红胜火，春来江水绿如蓝。能不忆江南 。”忆江南大酒店是鹰潭市重点招商引资的一家有实力有规模的企业，酒店拥有十八年的历史文化底蕴，公司秉承“诚信敬业，创新求实”的经营理念，在全体员工的不懈努力下持续创新，在广大客户的大力支持下获得了快速成长，现旗下已发展成忆江南大酒店、忆江南宴会楼、忆江南临江鱼馆、余江县政府机关食堂等四家鹰潭市餐饮业品牌酒店！

忆江南临江鱼馆坐落于信江河畔，以独特的装修风格，精致的美食文化，细致贴心的服务，带给顾客家一般的感觉。千岛湖美味的淳鱼，经过挑选、切片、调味、烹煮等匠心工序，入口即化。口感细腻的北京果木烤鸭，特色的煨菜等菜品，经过忆江南厨师独特匠心的料理制作，绿色健康，给顾客的味蕾带来一场盛宴。

忆江南大酒店坐落于沿江河畔，成立于 2010 年，建筑面积 1000 余平方米，以江西鹰潭本地土菜为主的一家餐厅，是家庭聚餐、朋友聚会的理想去处。

**加入大禾**

忆江南厅：顶级奢华，宫殿级婚礼享受，巅峰之作，宴会厅环境优美，全厅无柱，豪华气派，挑层高。

罗曼园厅：皇家气质罗曼园厅，引进影剧院级灯光舞美设备，邀世界名师亲自操刀，对室内空间更新再造，阁楼观礼露台、欧式奢华镜面吊顶水晶灯，尽显皇家的奢华气质。

花开富贵厅：彰显典雅的中国风，突显中国传统文化，典雅而盛大。

▲ 忆江南酒店外景

浪漫樱花厅：精致而浪漫，铺天盖地的鲜花，让人仿佛置身花的海洋！

童话世界厅：首次推出的品牌线，丰富了主题布置，逼真的视听效果，美丽梦想在温馨小巧的空间内得到最大程度地实现。

花样年华厅：复古留声，往事历历在目，让人仿佛置身那青葱场景中，回忆摇曳生姿，映射那最美好的时光！

2016年忆江南餐饮管理有限公司加入全国宴会酒店领导者——中国山西幸福港湾·大禾文化产业集团。忆江南宴会楼改造为鹰潭唯一一家主题喜宴广场。酒店共有六大特色大厅，尽览世界缤纷。忆江南厅，顶级奢华；罗曼园厅，皇家气质；花开富贵厅，典雅中国风；浪漫樱花厅，铺天盖地；童话世界厅，品牌首推；花样年华厅，复古留声。携手大禾集团于2017年成功举办了盛况空前的“忆江南杯”鹰潭首届婚礼博览会，得到了鹰潭市民和市领导的一致好评！品味鹰潭，忆江南！

# 安徽阜阳天上人间大酒店

安徽省阜阳市天上人间大酒店坐落于历史悠久、人文荟萃的颍州区（今阜阳市人民西路 88 号），毗邻淮河及风景秀丽的旅游景区，交通便捷。经营面积二万余平方米，按四星级配置装修简欧风格，尊贵高雅，设有舒适豪华的客房、零点包厢、三款个性主题大厅，同时满足千人就餐和会议需求。配有大型停车场及 24 小时保安服务，是商务宴请、承办酒席、会议展销、旅行入住的理想场所。

**加入大禾**

大禾集团为我店带来了诸多帮助。

第一是开发多种婚宴主题，打造区域市场品牌。年轻人喜欢个性的婚宴现场，大禾团队致力于基础条件巧妙的设计，使每一部分都匠心独运，让消费者一见倾心。

第二是注重菜品结构创新。宴会菜很难令客户印象深刻，大禾团队通过细致的市场调研，将客户的消费需求和原料成本结合运用一体，实现客户与商家的双赢。

第三是整合婚庆配套，宴会婚礼一条龙。大禾人一直在努力研究，研发出一条“宴会 + 婚礼”的销售模式，让客户更省心，商家更舒心。

第四是激励体系，拓宽销售市场。专业的指导方法，带动销售队伍，激发员工主人翁意识，提升酒店的利润产值，完善绩效体系，提升客户满意度。

因为大禾，我们更专业，因为专业，我们的员工才如此热情高涨，我们的企业才得以蓬勃发展，日胜一日。

一路上有您 ——大禾！

▶ 天上人间宴会厅展示

# 福建仙游名宴大酒店

名宴大酒楼创办于2015年，坐落于素有“文献名邦，海滨邹鲁”美称的莆田市仙游县，是仙游县烹饪协会会长单位、仙游宴席文化餐饮体验地标店。首开以仙游“宴文化”为品牌核心的酒楼先河，以特色的主题包厢和独有的精品菜肴共同打造宴会型酒楼。

名宴大酒楼——宴请心中最重要的人！名宴最大的特色优势是在沿用传统喜庆仪式的基础上，加入现代宴席贴心的创意，赋予三层酒楼满足多种规格宴会需求的使命：一层设有“蒸蒸日上”厅，现场蒸制食材，让新鲜美味看得见；二层设有20个文化主题包厢，让顾客身临其境游弋于不同历史故事中；三层设有3个宴会厅，可同时容纳八百人就餐，配套设施设备齐全，诚挚相伴于顾客人生的每一个精彩瞬间。

## 加入大禾

名宴大酒楼于2017年1月14日正式联盟大禾集团“100宴霸”，成为这个“中国宴会酒店领导者”大家庭中的一员，在大禾强大的宴会营销团队带领下，不断加强名宴的竞争优势及核心竞争力，并始终秉承大禾匠心打造的发展理念，用最真诚的服务，传递出一份大禾责任。

▲名宴大酒店宴会厅展示

## 河北衡水凯悦大酒店

衡水凯悦大酒店是一家集餐饮住宿为一体的高档酒店，位于衡水市桃城区的中心地带。装潢高档，氛围清新，服务亲切。郭建国总经理以“管理和服务追求一贯一流”的理念，合理协调资源，积极发展凯悦酒店“以亲民的价格带给消费者五星级酒店享受”的品牌形象。凯悦大酒店自2007年开业以来，取得了优秀的销售业绩以及良好的市民口碑，已经成为衡水人心目中宴会消费以及出行住宿的第一选择。

2016年加盟大禾后，郭建国总经理与王玉贞副总经理通过几次研讨，对于“宴会厅”又有了新的概念，在参观学习了太原等地的样板厅后，更加具体且细致地丰富了这一概念。大禾提供了一个互相学习、互相借鉴的大平台。此外，在深入接触了“大禾模式”后，仿佛打开了一个新世界的大门——原来宴会酒店还可以这样做！于是凯悦酒店于2017年始决定对自身的宴会厅重新进行定位与包装。宴会厅初步分为“十里花海厅”“三生三世厅”“蓝色海洋厅”，以主题的形式与概念对宴会厅进行包装，不同厅侧重展现不同功能，针对年轻一代，强势推出主题宴会厅。在衡水市尚属首例，灯光音响设备一流，效果堪比大型晚会。相信凯悦大酒店在郭建国总经理的带领下以及大禾的帮助下一定会越来越好！

▶ 凯悦大酒店外景

▶ 凯悦大酒店宴会厅展示

## 湖北房县誉满城宴会中心

誉满城宴会中心坐落在房县城关房陵西大道98号，毗邻唐城广场，风景秀丽，绿意盎然。周边设施齐全，交通便捷，并拥有大型停车场。誉满城宴会中心营业面积达5000余平方米，设有5个不同规格的宴会厅及20多间风格各异的豪华包厢。其中金色大厅高度达到5米，面积达1200余平方米，可容纳600人同时就餐，是房县目前最高、最大、最豪华的宴会大厅。各厅均由专业舞美公司设计配置，确保音响灯光效果达到国际一流水准。誉满城宴会中心致力于打造房县规模最大，档次最高，服务最佳的专属宴会服务一站式酒店，是顾客举办各种规模的宴会以及商务宴请的绝佳场所。

### 加入大禾

通过在大禾的学习，把学习成果运用到酒店，让我们的酒店服务有了进一步完善，服务更优质。对酒店销售模式进行整改，使酒店在接单销售方面有了更成熟的模式。销售人员对酒店产品与服务卖点有了更深刻的理解，对销售技巧有了更灵活的运用，对客户心理有了更深入的了解，对销售细节更注重，让我们的销售从售前到售后，都更完善，使酒店接单量同步增长。将大禾的服务理念运用到酒店，对基层员工进行了更细致的培训，让我们的服务质量大大提高。酒店日常运营更加顺畅。

▶誉满楼酒店宴会厅展示

## 湖北荆门天鹅湖酒店

天鹅湖酒店管理有限公司成立于2012年3月6日，旗下拥有天鹅湖主题宴会酒店、南音国际俱乐部两大品牌，总营业面积达1.5万平方米，坐落于湖北省荆门市生态运动公园体育场东区。

目前，天鹅湖酒店是荆门市唯一一家主题宴会型酒店，也是最大的一家专注于做主题宴会的酒店，拥有6个风格迥异的主题宴会厅，可以满足不同客户的不同需求。拥有客房80余间，可同时接待客人达160桌以上。

**加入大禾**

天鹅湖酒店是一家全新转型的酒店，在现今市场如此严峻的环境下，酒店转型很痛苦，需要大量的资金投入。但自从植入“大禾模式”，酒店获得了新的活力，在经过大量的市场分析以及准确的市场定位后，酒店的宴会订单犹如注入了一剂强心针，业绩节节攀升，取得了酒店自开业以来前所未有的业绩，感谢张总，感谢大禾。相信在“大禾模式”指引下，天鹅湖酒店一定会成为荆门市场乃至湖北主题宴会酒店市场的龙头老大！

▶ 天鹅湖酒店外景

▶ 天鹅湖酒店宴会厅

# 湖北天门天和主题酒店

家和万事兴，企和万年旺！天和十三年历程，经历了市场疲软，行业革命。天和主题宴会中心，坐落于湖北省天门市天门新城天地星座2楼，致力于打造菜品多元化，婚礼定制化，环境个性化，服务管家化，做天门的宴会专家。

加盟大禾后，天和团队震撼推出天和主题宴会中心！一次性可容纳宴席100多桌，内有传统文化的中华厅，浪漫唯美的花海厅，高端大气的朝阳厅，富贵祥瑞的鸿运厅。

## 加入大禾

天和主题宴会中心将打破“天门的饭七点半”进餐习惯，让顾客酒宴不用等，美味吃不厌！在这里，我们将上演“天使之恋”“大唐盛典”“水晶之恋”“红灯贺喜”等近百种不同风格的主题婚礼，为新人的爱情故事量身打造！

中华厅，中国人的中式婚礼。花堂结彩披锦绣，中国风味一片红，六个红色大“喜”字从天而降、营造出的是浓郁的中国风味，华彩而盛大，喜庆而典雅。

花海厅，让爱芳华永驻。九万九千九百九十九朵樱花装饰，完美的婚礼充满童话韵味，浪漫唯美的花海厅，樱花铺天盖地，让人仿佛置身花的海洋，嗅出那一朵朵芳香。

朝阳厅，见证你们的真爱。高端大气的朝阳厅，只为最尊贵的您。为您打造最高端、最有档次的婚礼，雄伟壮丽，富丽堂皇，金碧辉煌，雕栏玉砌。让那贵族气息扑面而来。

鸿运厅，让你的美梦成真。温馨而舒适，简约不简单，给你一种最亲近的感

觉，于千万人之中寻找那份真爱，于大千世界中寻找那一处理想场所，蓦然回首，天和厅映在眼前。

▲ 天和酒店宴会厅展示

# 武汉雅和睿景花园酒店

武汉雅和睿景花园酒店，一家坐落于东湖边光谷旁的优质生态酒店，酒店总体占地面积5万平方米，营业面积1.2万平方米，拥有43个包房，8栋别墅，2个多功能宴会厅，1个无柱花园大厅以及800平方米的户外婚礼平台，将“雅和睿景”推崇成武汉旅游景点的地标性消费餐厅，成为武汉东湖区域的一张名片！

## 借力大禾，筑梦远航

武汉雅和睿景花园酒店和中国山西幸福港湾·大禾文化产业集团的“联姻”是在2016年6月27日，在南京召开的大会上听到中国宴会酒店转型咨询第一导师张和的宣讲，我豁然开朗。因为我们是做商务宴请、家庭聚会和大型宴会为主的综合性餐饮，我们之前只聚焦包房商务宴请和家庭聚会，但宴会这块，说实话，做的不太理想，用“大禾销售女神”王总的话讲就是守株待兔、坐等顾客上门！听完张总宣讲之后，我惊喜有加，这不就是我们一直在寻找的如何撬开宴会大门的不二法门吗？

此后，参与大禾安排的与冠军同行、跨界打劫让宴会更赚钱、对赌兑现和45天变形记、“大禾印象”主题宴会酒店鉴赏会、七月围城、“大禾印象”空中课堂、“开门红”等课程。感恩大禾，感谢所有大禾的老师和全体“禾苗”的倾情奉献和付出。

我们坚持“传统不守旧，创新不忘本”的创店初衷，结合本地婚庆宴席市场特点，植入“大禾模式”，制作了一套爆品宴席套餐菜单。迎合客户需求，赢得了市场口碑。

▲ 雅和睿景花园酒店外景和宴会厅展示

在大禾的指导和悉心关怀下。雅和睿景花园酒店率先导入了以花海、园林、自然生态、现代建筑为不同特点的婚庆宴会场和室外婚庆、草坪婚礼、鲜花婚典等元素，融合了多元婚庆环境及意境营造，为每对新人量身打造浪漫、温馨、动人、心宜的婚礼盛宴，使新人及观礼嘉宾喜悦至极、流连忘返。

通过导入大禾“开门红”“件指巅峰”宴席营销推广和一系列激励方案，雅和睿景花园酒店拓展了宴会销售市场，增强了员工工作热情和主人翁精神及加强人人讲绩效、讲奉献、讲付出、讲成功的工作氛围，深入促进了酒店绩效机制及体系的变革！

# 南京凯旋假日大酒店

南京凯旋假日大酒店自2005年9月开业以来，婚宴收入占50%以上，客户对宴席认知度较高。受市场的影响，在与大禾合作前，经营方向迷茫，不知道酒店路在何方？我们经历了一段痛苦的摸索过程。2015年初，偶然接触大禾，认为大禾的婚宴经营模式很适合我们，以前酒店注重装修材料使用，装修成本高、投资回报缓慢。与大禾合作后，在大禾团队的指导下，我们懂得了如何去花最少的钱达到最好的办事效果。

随着人们消费观念的转变和对婚宴的重视程度不断提高，婚宴已经成为酒店餐饮业经营业务的重要内容之一。崇尚自由和个性的“90后”成为婚宴市场的消费主力，他们追求个性化和体验性，私人定制的婚礼形式越来越多。然而，婚宴开销的最终负担落在了父母身上。酒店要想吸引年轻消费群体的眼球，并且把市场价格控制在消费者的能力范围之内，从大禾引进的主题婚礼酒店模式无疑巩固了凯旋在南京婚宴市场中的竞争优势。

## 加入大禾

硬件设施上，2016年将一楼婚宴大厅重新装修，增加灯光秀和采用面积大、清晰度高、体验感强的大屏幕LED电子屏；将四楼1500平方米的客房装修成两个主题宴会大厅；将六楼1000平方米的客房装修成一个无柱宴会大厅；为了适应宴会规模的缩小，酒店把一楼大宴会厅用移动门进行隔断，形成几个独立的小型宴会厅，这样可以集中也可以分散，合理有效利用资源；通过设计多功能厅满足消费者多元化的需求。

软件服务上，一是培养了一站式的营销队伍，针对每对新人都安排一位宴会

◀ 凯旋酒店宴会厅展示

营销员全程服务；二是成立了六合地区首家酒店婚庆部，婚宴、婚庆一站式服务。为了给客户提供更好的婚宴体验，酒店安排专人专岗进行全程服务，以一对一的方式，更好地挖掘客户的消费需求。酒店注重做好婚前、婚中、婚后服务。与大禾合作前，酒店只知道注重婚前销售、婚中服务。与大禾合作后，我们懂得更要重视婚后跟踪服务。婚宴结束后，宴会营销员依旧积极地与客户保持联系和沟通，培养忠诚度，实现客户的对外拓展和持续性，建立一个有价值、稳定的忠实客户关系。为将来业务的拓展做好准备，这样可以更好地开拓婚宴市场。

宴会营销员会处处站在让新人满意和幸福的角度上为客户着想，有时候在新娘娘家人不多的情况下，宴会营销员也会主动客串起娘家人身份，营造热闹喜庆的氛围。同时还会在用餐过程中表演具有地方特色的节目以此来渲染婚宴气氛。酒店还不断激发员工的创造力和主人翁精神，除了培训员工服务意识外，凯旋还为每位员工量身制定一套考核激励机制，极大调动了员工工作积极性，引导员工不断去挖掘客户的感动点，积极争取和培育婚宴市场。

经过调整酒店场地布局，现在喜宴收入占比达到 85%，营业收入增加 20%。2016 年装修费用节省两百多万元，通过 2016 年装修，凯旋开拓婚庆市场，带来主营外收入，同时提高其在当地餐饮业美誉度，为将来提高餐饮标准打下了扎实基础。

# 江苏太创陆渡宾馆

陆渡宾馆是一家四星级涉外宾馆，距上海虹桥机场半个小时的车程，宾馆交通便捷，设施齐全，环境优雅，宾馆已建成集餐饮、客房、娱乐于一体的多功能会务、休闲场所，可同时容纳1800多人就餐。

为整体提升陆渡宾馆的形象，全面提升企业品牌，陆渡宾馆建造了一栋集客房、餐饮及配套用房于一体的贵宾楼，楼高15层，总建筑面积40000多平方米，按国家五星级酒店标准设计建造。隆重推出挑高9米、全场无立柱，可同时容纳80桌的宴会大厅，大厅内设50平方米LED电子屏。 高档的设备设施结合先进的管理和服务，大大提升陆渡宾馆的国际化形象和接待水平。

## 加入大禾

今年，陆渡宾馆与引领全国主题宴会酒店潮流的中国山西幸福港湾·大禾文化产业集团合作，特推主题婚宴，从鸿运厅、吉祥如意厅两个宴会厅，增加了千禧厅和花好月圆厅，扩展到了四个宴会厅。“大禾模式”，注重宴会的主题推广和品牌服务，使服务精细化、婚礼精品化、人员精英化。大禾先进的销售理念和管理模式大大提升了宾馆的宴会发展空间，必将引领太仓乃至苏州地区婚庆市场的一次转型发展，是成就餐饮业商机的一块金字招牌。“大禾模式”的注入，让一切成为可能。

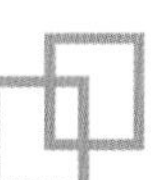


▶ 陆渡宾馆外景及宴会厅展示

## 江西上饶龙潭湖宾馆

江西上饶龙潭湖宾馆是上饶市委、市政府重要的公务接待基地，开业以来一直承担着大量的省市级重要会议和外事活动，是上饶首家集公务商务、休闲旅游、会议度假为一体的生态园林式酒店。

坐落于龙潭湖公园内，自然环境优美、地理位置优越。宾馆占地37亩，总建筑面积34700平方米，酒店提供众多上饶当地特色菜品。功能不同、大小各异的宴会厅能够满足大中小型会议、用餐及喜庆宴会等不同需求。

**加入大禾**

张和董事长极具战略眼光，具有很强的市场洞察力。“大禾模式”注重“合作”，强调“共赢”，关键在于能落地，有实效。这里的合作并不仅仅是几个人或者几家企业的合作，而是涉及相关行业的资源整合，将酒店、影楼、婚庆等相关产业捆绑在一起运作和营销，颠覆了传统理念，走出了一条新路，创下了辉煌战绩。这种跨界整合、捆绑借力的销售模式，应该是行业纵深化、精细化发展的必然趋势。

选择大禾，借助“100宴霸计划”，整合酒店资源，实现转型发展，让市场份额不再流失，让利润不断增长。

简单、相信、照做，就没错！

▶ 龙潭湖宾馆外景及宴会厅展示

## 内蒙古赤峰鲜惠德餐饮集团

赤峰鲜惠德餐饮集团，成立于2011年4月29日，本着“做赤峰餐饮股份创业的领航者，将鲜惠德品牌开向全国”的企业愿景，现如今旗下有三家直营店，分别是鲜惠德酒楼总店、万达店、冠东店，正在筹备装修即将起航的鲜惠德主题宴会酒楼，整体营业面积3000平方米，设有包间16间，卡台10个，主题宴会厅3个（中国风厅、宴遇倾城厅、天鹅湖厅）。

**加入大禾**

鲜惠德主题宴会酒楼是联盟大禾集团“100宴霸计划”后，2017年发展战略模式“做赤峰最具特色的婚宴，让每一对新人的婚礼与众不同、终生难忘”。与主题宴会酒楼配套的兰克拉博婚庆团队即将同步起航。在大禾团队的指导下，在所有鲜惠德人的共同努力下，鲜惠德主题宴会酒楼模式，将是春天播撒下的种子，接下来会在赤峰12个旗县区，乃至内蒙古省会呼和浩特遍地开花，未来三年将复制十家以上同等模式主题宴会酒楼。2017年是梦想起航的一年，在大禾的掌舵下，鲜惠德主题宴会模式必将踏浪前行，精彩绽放!

◀鲜惠德酒店宴会厅展示

# 山西交城旭蓉宾馆

旭蓉宾馆，位于交城县新开路与天宁路交叉口黄金地带，是一家集餐饮、住宿、洗浴为一体的综合性酒店。2017 年，旭蓉团队震撼推出旭蓉主题宴会中心，一次性可容纳千人以上就餐，内有浪漫唯美的樱花厅、传统文化的菁韵厅、奇妙梦幻的卡通厅。

▼旭蓉宾馆宴会厅展示

## 加入大禾

与您同行是我们的幸运——“大禾模式”。

开发个性、独特主题婚宴，全面提高酒店的竞争力。

“大禾模式”独特的主题婚宴，通过将浪漫以虚化实，映射进婚宴大厅，无限满足新人对婚宴的个性追求，极大地提高了酒店婚宴竞争力。

大禾通过多年市场调研，创新特色菜品，调整菜品结构与本土味道深度结合，结合本土菜品的宴席深受本土客户喜爱。

垂直延伸，提供婚庆一站式服务。

结合婚庆市场占有率和消费需求，为客户提供便捷的一站式婚庆服务，让客户省钱更省心。

全员拓客，推出"开门红"激励体系。

有激励才有动力，大禾集团激励体系，全面激发员工的动力，加上专业的方法，整体带动销售队伍，不仅大大促进了酒店的绩效体系，也提升了客户的满意度。

因为梦想，我们相遇！因信任我们携手同行！大禾，不仅给了我们专业的指导，也给了我们一个幸福的家！与大禾同行，是我们的幸运！我们企业将与大禾共同成长，一同进步，为消费者提供最优质的宴会服务！感谢大禾！

## 浙江兰溪满江红大酒店

满江红大酒店总建筑面积3500平方米，现有13个独立的个性化包厢，可同时容纳800人会议及就餐的多功能厅，分别为如意厅、吉祥厅、好运厅和锦绣厅。

**加入大禾**

大禾拓宽了我们的营销思路，刷新了我们对传统营销的固定概念。我们发现，营销是一个充满逻辑性与有效思维的系统，涉及多方面，特别是提高企业的核心竞争力，进一步加强和稳固企业的核心——人才。现在，满江红酒店在着手培养一支有斗志的营销团队，目标是培养更多的百万销售精英 。

大禾教会我们婚礼是一场仪式，是一种承诺，是一种感恩。婚庆就像是新娘的婚纱、承诺的信物、报信的白鸽、感恩的拥抱一样，是婚礼上必不可少的一部分。所以在谈单时给客户造梦，增强他们的画面感，让他们明白，尤其是新娘，这会是一场多么令人期待的婚礼，是一段可以回味的记忆，对现代的年轻人来讲是一次非常棒的体验。婚礼与宴会是一种共生关系，作为销售者，需要了解客户的需求点并给予每个人独一无二的体验，所以一定要做好婚礼产品体系，提升婚礼空间。

▶ 满江红大酒店宴会厅展示

# 浙江瑞安状元楼大酒店

状元楼大酒店是一家按四星级标准建造的豪华涉外酒店。酒店坐落于中国旅游城市浙江省瑞安市瑞湖繁华地段，交通十分便利。瑞安市是一座古老的历史文化名城和现代化的港口城市，有着独具江南特色的水乡风情。

酒店主营面积9000多平方米，酒店设有高级的餐饮会所，装修豪华。中餐厅设有35间装饰豪华且不同风格的餐饮包厢、风格各异的贵宾房；宴会大厅7个，可同时容纳2000多人同时就餐；会议中心、商务中心配套齐全；荟萃各地特色佳肴及温州地方菜，可满足顾客多层次的需要。

## 状元楼文化

瑞安状元楼始建于南宋理宗嘉熙二年(1238年)。据说，瑞安士绅为了迎接状元周坦回家省亲而特建此楼，并请当时瑞安民间烹饪大师陈傅年师傅主厨烹制了一席富有瑞安本地特色的美食佳肴。状元食罢，高声曰："真乃美食中之状元也！"并当场吟作："状元楼中状元游，江水文澜泳九州。酒香飘荡三千里，美味尽在状元楼。"

瑞安状元楼由此名声大噪，远近各地慕名而来的食客络绎不绝。陈傅年师傅的"状元宴"从此流传甚广。传承七百余年，1996年，瑞安民间烹饪大师陈光者先生(1953~2013年)袭得此"状元宴"菜谱，遂于瑞安商城大道开设状元楼·光者酒家。于2003年迁入瑞安华侨饭店，更名为"华侨状元楼"，至今已有十余年。为了发扬状元楼餐饮文化，2011年，华侨状元楼在瑞立路开设新店，名为"瑞安状元楼大酒店"。加入大禾宴霸家族，相信明天会更好，做宴会状元！

▶状元楼酒店宴会厅展示

# 安徽灵璧幸福云端主题宴会酒店

幸福云端主题宴会酒店是一家专注于婚礼宴会、餐饮、商务会议的大型主题宴会酒店。酒店地处商务气息浓重的繁华地段。由国内著名设计公司参照大禾主题宴会厅精心设计，营业面积3000多平方米,拥有多个风格各异的豪华主题宴会厅。

酒店以大禾独特的销售模式，风格各异的宴会厅为主题，拥有领先的硬件设施，高素质的经营团队，热情周到的服务，以打造皖北地区第一主题宴会酒店为己任，以引领皖北地区主题宴会风潮为目标。

## 特色优势

幸福云端主题宴会酒店是安徽省宿州市第一家以主题宴会厅为主的宴会酒店，以当地社会餐饮龙头酒店——忆江南景观酒店为前景，拥有海洋厅、星空厅、樱花厅、仪式厅、罗马厅等不同风格的主题宴会厅,带动皖北地区主题婚礼的风潮。给每一对新人一场终生难忘的婚礼。

## 大禾心得

想常人不敢想，做常人不敢做。摸着石头过河，需要智慧更需要勇气。等市场成熟了哪还有机会！加盟大禾是幸福云端主题宴会酒店最正确的选择。在大禾独特的销售模式下，幸福云端主题宴会酒店把自己打造成为皖北地区第一主题宴会酒店。因为专业，所以精彩。因为与大禾同行，所以能所向披靡。

▶ 幸福云端酒店宴会厅展示

在此感谢书中所提及的酒店和个人，为使更多读者了解和掌握“大禾模式”，欢迎来电，可索要主题酒店宴会厅光盘。

——张和